企业新工人三级安全教育培训教材

新工人三级安全教育

胡广霞　窦培谦　张彧婷　主编

中国劳动社会保障出版社

图书在版编目（CIP）数据

新工人三级安全教育／胡广霞，窦培谦，张彧婷主编. -- 北京：中国劳动社会保障出版社，2024

企业新工人三级安全教育培训教材

ISBN 978－7－5167－6295－0

Ⅰ.①新… Ⅱ.①胡… ②窦… ③张… Ⅲ.①安全生产－安全教育－教育培训－教材 Ⅳ.①X931

中国国家版本馆 CIP 数据核字（2024）第 040233 号

中国劳动社会保障出版社出版发行

（北京市惠新东街 1 号　邮政编码：100029）

*

北京市科星印刷有限责任公司印刷装订　　新华书店经销

880 毫米×1230 毫米　32 开本　7.25 印张　2 彩色插页　200 千字

2024 年 3 月第 1 版　2024 年 3 月第 1 次印刷

定价：28.00 元

营销中心电话：400－606－6496

出版社网址：http://www.class.com.cn

版权专有　　侵权必究

如有印装差错，请与本社联系调换：（010）81211666

我社将与版权执法机关配合，大力打击盗印、销售和使用盗版图书活动，敬请广大读者协助举报，经查实将给予举报者奖励。

举报电话：（010）64954652

内 容 简 介

本书对近几年新修订的《中华人民共和国安全生产法》《中华人民共和国职业病防治法》等法律法规的相关内容进行了介绍，尽可能减少深奥的理论，并在介绍安全生产基础知识的基础上，增加了班组安全培训与教育和事故应急救援预案与演练的内容，使内容更加丰富且实用。

本书的主要内容有：安全生产与应急管理法律法规、职业安全健康权利与义务、安全技术基础知识、班组安全教育培训与精细化安全管理、职业健康、事故应急管理。本书文字简明，融科学性、针对性、实用性、通俗性为一体，使工人读得懂、用得上，既可作为新工人入厂安全教育的培训教材，也可作为企业各班组开展职业安全教育的知识读物。

前　言

《中华人民共和国安全生产法》规定，生产经营单位应当对从业人员进行安全生产教育和培训，保证从业人员具备必要的安全生产知识，熟悉有关的安全生产规章制度和安全操作规程，掌握本岗位的安全操作技能，了解事故应急处理措施，知悉自身在安全生产方面的权利和义务。未经安全生产教育和培训合格的从业人员，不得上岗作业。

《生产经营单位安全培训规定》规定，煤矿、非煤矿山、危险化学品、烟花爆竹等生产经营单位必须对新上岗的临时工、合同工、劳务工、轮换工、协议工等进行强制性安全培训，保证其具备本岗位安全操作、自救互救以及应急处置所需的知识和技能后，方能安排上岗作业。加工、制造业等生产单位的其他从业人员，在上岗前必须经过厂（矿）、车间（工段、区、队）、班组三级安全教育培训。

企业对新入厂的工人进行三级安全教育，既是依照法律履行企业的权利与义务，同时也是企业实现可持续发展的重要措施。

不同行业的企业生产特点各不相同，存在的危险因素也大相径庭，要求从业人员掌握的安全生产技能和知识也有所不同，很难通过一本书来面面俱到地涉及不同行业需要的不同内容。"企业新工人三级安全教育培训教材"按行业分类，更加深入、细致、全面地介绍相应行业的生产特点和技术要求，以及本行业从业人员可能遇到的典型危险因素，有助于新工人快速地掌握本行业的安全生产知识，更贴近企业三级安全教育的要求，利于本单位、本企业进行新工人培训时使用，使新工人在学习相关内容之后能够顺利地走上工作岗位，并对其今后正确处理工作中遇到的安全生产问题具有指导意义。

我社于2008年、2016年组织编写了两版"新工人三级安全教育丛书",受到了广大企业的欢迎和好评,并将这套丛书作为企业新工人三级安全教育的教材和学习用书,取得了很好的效果。近年来,我国对安全生产相关的法律法规进行了一系列的制修订,安全生产技术也有了新发展,为了能够给各行业企业提供一套适应时代发展要求的图书,我社组织对原版图书进行了重新编写。为保障新工人教育培训考核的需要,丛书以教材的形式编写,设立了学习目标、本章小结及复习思考题。教材内容以实用、管用、够用为目标,向新工人讲解安全生产、职业健康基本知识与技能,是企业用于新工人三级安全教育的理想培训教材。

目 录

第一章 安全生产与应急管理法律法规 ········· 1

本章学习目标 ········· 1
第一节 安全生产法 ········· 1
第二节 应急管理法律法规知识 ········· 13
本章小结 ········· 16
复习思考题 ········· 17

第二章 职业安全健康权利与义务 ········· 18

本章学习目标 ········· 18
第一节 职工享有的职业安全与卫生权利 ········· 18
第二节 职工的职业安全与卫生义务 ········· 24
第三节 工伤保险权益 ········· 27
第四节 职业病诊断与职业病病人保障 ········· 40
本章小结 ········· 43
复习思考题 ········· 44

第三章 安全技术基础知识 ········· 45

本章学习目标 ········· 45
第一节 电气安全 ········· 45
第二节 机械设备安全 ········· 51
第三节 起重机械安全 ········· 59
第四节 防火防爆安全 ········· 66
第五节 危险化学品安全 ········· 75
第六节 危险作业 ········· 86

第七节　安全色与安全标志 …………………………………… 94
　　本章小结 ……………………………………………………………… 98
　　复习思考题 …………………………………………………………… 99

第四章　班组安全教育培训与精细化安全管理 …………………… 100
　　本章学习目标 ……………………………………………………… 100
　　第一节　班组安全教育培训 ……………………………………… 100
　　第二节　特种作业安全教育培训 ………………………………… 105
　　第三节　班组现场精细化安全管理 ……………………………… 109
　　本章小结 …………………………………………………………… 120
　　复习思考题 ………………………………………………………… 121

第五章　职业健康 …………………………………………………… 122
　　本章学习目标 ……………………………………………………… 122
　　第一节　企业存在的主要职业病危害因素 ……………………… 122
　　第二节　常见的职业病及预防 …………………………………… 124
　　第三节　个体防护知识 …………………………………………… 143
　　本章小结 …………………………………………………………… 180
　　复习思考题 ………………………………………………………… 181

第六章　事故应急管理 ……………………………………………… 182
　　本章学习目标 ……………………………………………………… 182
　　第一节　应急管理体系 …………………………………………… 182
　　第二节　应急预案 ………………………………………………… 187
　　第三节　应急演练 ………………………………………………… 194
　　第四节　现场救护通用技术 ……………………………………… 207
　　本章小结 …………………………………………………………… 221
　　复习思考题 ………………………………………………………… 222

参考文献 ……………………………………………………………… 223

第一章　安全生产与应急管理法律法规

本章学习目标
1. 掌握《中华人民共和国安全生产法》的法律要求。
2. 熟悉安全生产领域涉及的法律责任。
3. 了解我国应急法律体系的框架和内容。

第一节　安全生产法

一、立法目的

《中华人民共和国安全生产法》（以下简称《安全产生法》）第一条规定，为了加强安全生产工作，防止和减少生产安全事故，保障人民群众生命和财产安全，促进经济社会持续健康发展，制定《安全生产法》。这一规定，明确了《安全生产法》的立法目的。

1. 加强安全生产工作

安全生产就是在生产经营活动（包括与生产经营活动有关的活动，下同）中，为避免发生造成人员伤害和财产损失的事故，有效消除或控制危险和有害因素而采取一系列措施，使生产在符合规定的条件下进行，以保证从业人员的人身安全健康及设备设施免受损坏，环境免遭破坏，保证生产经营活动得以顺利进行。

2. 防止和减少生产安全事故

生产安全事故是指生产经营单位在生产经营活动中突然发生的，伤害人身安全和健康，或者损坏设备设施，或者造成经济损失的，导致原生产经营活动暂时中止或永远终止的意外事件。

3. 保障人民群众生命和财产安全

通过立法，强化生产经营单位主体责任，重视安全生产，防止和减少生产安全事故，其根本目的是保障人民群众的生命和财产安全。

4. 促进经济社会持续健康发展

安全生产是安全与生产的统一,其宗旨是以安全促进生产,生产必须安全。安全生产与经济发展应当同步,并要促进经济社会持续健康发展。

二、生产经营单位的安全生产责任

生产经营单位是安全生产的责任主体。《安全生产法》第四条规定,生产经营单位必须遵守《安全生产法》和其他有关安全生产的法律、法规,加强安全生产管理,建立健全全员安全生产责任制和安全生产规章制度,加大对安全生产资金、物资、技术、人员的投入保障力度,改善安全生产条件,加强安全生产标准化、信息化建设,构建安全风险分级管控和隐患排查治理双重预防机制,健全风险防范化解机制,提高安全生产水平,确保安全生产。

平台经济等新兴行业、领域的生产经营单位应当根据本行业、领域的特点,建立健全并落实全员安全生产责任制,加强从业人员安全生产教育和培训,履行《安全生产法》和其他法律、法规规定的有关安全生产义务。

三、生产经营单位的安全生产保障

1. 从事生产经营活动应当具备的安全生产条件

《安全生产法》第二十条规定,生产经营单位应当具备《安全生产法》和有关法律、行政法规和国家标准或者行业标准规定的安全生产条件;不具备安全生产条件的,不得从事生产经营活动。

《安全生产许可证条例》规定,国家对矿山企业、建筑施工企业和危险化学品、烟花爆竹、民用爆炸物品生产企业(以下统称企业)实行安全生产许可制度。企业未取得安全生产许可证的,不得从事生产活动。企业取得安全生产许可证,应当具备下列安全生产条件:

(1) 建立健全安全生产责任制,制定完备的安全生产规章制度和操作规程;

（2）安全生产投入符合安全生产要求；

（3）设置安全生产管理机构，配备专职安全生产管理人员；

（4）主要负责人和安全生产管理人员经考核合格；

（5）特种作业人员经有关业务主管部门考核合格，取得特种作业操作资格证书；

（6）从业人员经安全生产教育和培训合格；

（7）依法参加工伤保险，为从业人员缴纳保险费；

（8）厂房、作业场所和安全设施、设备、工艺符合有关安全生产法律、法规、标准和规程的要求；

（9）有职业危害防治措施，并为从业人员配备符合国家标准或者行业标准的劳动防护用品；

（10）依法进行安全评价；

（11）有重大危险源检测、评估、监控措施和应急预案；

（12）有生产安全事故应急救援预案、应急救援组织或者应急救援人员，配备必要的应急救援器材、设备；

（13）法律、法规规定的其他条件。

2. 生产经营单位主要负责人的安全生产职责

生产经营单位的主要负责人是本单位安全生产第一责任人，有责任、有义务在搞好单位生产经营活动的同时，搞好单位的安全生产工作。《安全生产法》第二十一条规定，生产经营单位的主要负责人对本单位安全生产工作负有下列职责：

（1）建立健全并落实本单位全员安全生产责任制，加强安全生产标准化建设；

（2）组织制定并实施本单位安全生产规章制度和操作规程；

（3）组织制定并实施本单位安全生产教育和培训计划；

（4）保证本单位安全生产投入的有效实施；

（5）组织建立并落实安全风险分级管控和隐患排查治理双重预防工作机制，督促、检查本单位的安全生产工作，及时消除生产安全事故隐患；

（6）组织制定并实施本单位的生产安全事故应急救援预案；

（7）及时、如实报告生产安全事故。

3. 保证安全生产资金投入

当前安全生产存在的主要问题之一，就是生产经营单位的安全生产投入普遍不足，"安全生产欠账"严重。生产经营单位要达到保证安全生产的条件，就需要一定的资金投入，用于安全设施的建设、安全设备的购置、从业人员劳动防护用品的配备，以及对安全设备进行检测、维护、保养等。保障资金投入需要强化有关人员的法律责任。

《安全生产法》第二十三条规定，生产经营单位应当具备的安全生产条件所必需的资金投入，由生产经营单位的决策机构、主要负责人或者个人经营的投资人予以保证，并对由于安全生产所必需的资金投入不足导致的后果承担责任。

有关生产经营单位应当按照规定提取和使用安全生产费用，专门用于改善安全生产条件。安全生产费用在成本中据实列支。安全生产费用提取、使用和监督管理的具体办法由国务院财政部门会同国务院应急管理部门征求国务院有关部门意见后制定。

4. 对安全生产管理机构和安全生产管理人员的要求

生产经营活动的安全进行，除了必要的物质保障和制度保障外，还要从人员上加以保障。因此，对于一些危险性较大的行业的生产经营单位或从业人员较多的生产经营单位，应当有专门的人员从事安全生产管理工作，对生产经营单位的安全生产工作进行经常性检查，对检查中发现的安全生产问题及时处理，对生产安全事故隐患及时排除。为此，《安全生产法》对安全生产管理机构和安全生产管理人员的配置和职责作出了规定。

（1）安全生产管理机构和安全生产管理人员的配置。《安全生产法》第二十四条规定，矿山、金属冶炼、建筑施工、运输单位和危险物品的生产、经营、储存、装卸单位，应当设置安全生产管理机构或者配备专职安全生产管理人员。上述规定以外的其他生产经营单位，从业人员超过一百人的，应当设置安全生产管理机构或者配备专职安全生产管理人员；从业人员在一百人以下的，应当配备专职或者兼职的安全生产管理人员。

（2）安全生产管理机构以及安全生产管理人员的职责。为了发挥安全生产管理机构以及安全生产管理人员的作用，保证其依法履行职责，《安全生产法》第二十五条明确了安全生产管理机构以及安全生产管理人员的七项职责。

①组织或者参与拟订本单位安全生产规章制度、操作规程和生产安全事故应急救援预案；

②组织或者参与本单位安全生产教育和培训，如实记录安全生产教育和培训情况；

③组织开展危险源辨识和评估，督促落实本单位重大危险源的安全管理措施；

④组织或者参与本单位应急救援演练；

⑤检查本单位的安全生产状况，及时排查生产安全事故隐患，提出改进安全生产管理的建议；

⑥制止和纠正违章指挥、强令冒险作业、违反操作规程的行为；

⑦督促落实本单位安全生产整改措施。

生产经营单位可以设置专职安全生产分管负责人，协助本单位主要负责人履行安全生产管理职责。

5. 从业人员安全生产教育和培训的规定

从业人员的安全素质，直接关系生产经营单位的生产安全水平。因此，加强全员安全生产教育和培训，使其具有在本职工作岗位进行安全生产操作的知识与能力，是非常必要的。《安全生产法》第二十八条规定，生产经营单位应当对从业人员进行安全生产教育和培训，保证从业人员具备必要的安全生产知识，熟悉有关的安全生产规章制度和安全操作规程，掌握本岗位的安全操作技能，了解事故应急处理措施，知悉自身在安全生产方面的权利和义务。未经安全生产教育和培训合格的从业人员，不得上岗作业。

生产经营单位使用被派遣劳动者的，应当将被派遣劳动者纳入本单位从业人员统一管理，对被派遣劳动者进行岗位安全操作规程和安全操作技能的教育和培训。劳务派遣单位应当对被派遣劳动者进行必要的安全生产教育和培训。

生产经营单位接收中等职业学校、高等学校学生实习的，应当对实习学生进行相应的安全生产教育和培训，提供必要的劳动防护用品。学校应当协助生产经营单位对实习学生进行安全生产教育和培训。

生产经营单位应当建立安全生产教育和培训档案，如实记录安全生产教育和培训的时间、内容、参加人员以及考核结果等情况。

6. 建设项目安全设施"三同时"的规定

生产经营单位为了维持或者扩大生产经营规模，经常要进行相关的工程建设。建设项目的安全设施是保证生产经营活动的重要设施，与生产经营的主体工程共同组成生产经营设施，必须同步进行设计和施工。《安全生产法》第三十一条规定，生产经营单位新建、改建、扩建工程项目（以下统称建设项目）的安全设施，必须与主体工程同时设计、同时施工、同时投入生产和使用。安全设施投资应当纳入建设项目概算。

7. 设置安全警示标志

生产经营单位中某些场所、设施和设备，往往存在一些危险因素，容易被人忽视。为了加强作业现场的安全管理，有必要制作和设置以图形、符号、文字和色彩表示的安全警示标志，以提醒、阻止某些不安全的行为，避免发生生产安全事故。为此，《安全生产法》第三十五条规定，生产经营单位应当在有较大危险因素的生产经营场所和有关设施、设备上，设置明显的安全警示标志。

8. 重大危险源的管理和备案

《安全生产法》第四十条规定，生产经营单位对重大危险源应当登记建档，进行定期检测、评估、监控，并制定应急预案，告知从业人员和相关人员在紧急情况下应当采取的应急措施。

生产经营单位应当按照国家有关规定将本单位重大危险源及有关安全措施、应急措施报有关地方人民政府应急管理部门和有关部门备案。有关地方人民政府应急管理部门和有关部门应当通过相关信息系统实现信息共享。

重大危险源是指长期地或者临时地生产、搬运、使用或者储存危险物品，且危险物品的数量等于或者超过临界量的单元（包括场所和设施）。

重大危险源的安全管理措施包括四项：一是登记建档；二是进行定期检测、评估、监控；三是制定应急预案；四是告知从业人员和相关人员在紧急情况下应当采取的应急措施。重大危险源及安全措施、应急措施备案的目的，主要是便于应急管理部门和有关部门及时、全面地掌握生产经营单位重大危险源的分布以及具体危害情况，可以有针对性地采取措施，加强监督管理，经常性进行检查，防止生产安全事故的发生。

9. 建立安全风险管控制度和事故隐患治理制度

企业要定期开展风险评估和危险源辨识。针对高危工艺、设备、物品、场所和岗位，建立分级管控制度，制定落实安全操作规程。树立隐患就是事故的观念，建立健全隐患排查治理制度、重大隐患治理情况向负有安全生产监督管理职责的部门和企业职工代表大会"双报告"制度。因此，《安全生产法》第四十一条规定，生产经营单位应当建立安全风险分级管控制度，按照安全风险分级采取相应的管控措施。

生产经营单位应当建立健全并落实生产安全事故隐患排查治理制度，采取技术、管理措施，及时发现并消除事故隐患。事故隐患排查治理情况应当如实记录，并通过职工大会或者职工代表大会、信息公示栏等方式向从业人员通报。其中，重大事故隐患排查治理情况应当及时向负有安全生产监督管理职责的部门和职工大会或者职工代表大会报告。

县级以上地方各级人民政府负有安全生产监督管理职责的部门应当将重大事故隐患纳入相关信息系统，建立健全重大事故隐患治理督办制度，督促生产经营单位消除重大事故隐患。

10. 生产经营场所和员工宿舍的安全要求

《安全生产法》第四十二条第一款规定，生产、经营、储存、使用危险物品的车间、商店、仓库不得与员工宿舍在同一座建筑物内，并应当与员工宿舍保持安全距离。因为生产、经营、储存、使用危险物品的车间、商店、仓库容易发生爆炸、中毒、火灾等事故，与员工宿舍在同一建筑物内是非常危险的，所以其必须与员工宿舍保持安全距离。

《安全生产法》第四十二条第二款规定，生产经营场所和员工宿舍应当设有符合紧急疏散要求、标志明显、保持畅通的出口、疏散通道。禁止占用、锁闭、封堵生产经营场所或者员工宿舍的出口、疏散通道。这就要求生产经营单位在员工宿舍建设时，应充分考虑安全出口设置的问题，确保安全出口符合紧急疏散需要；出口应当有明显标志，即标志应当设在容易看到的地方，并保证标志的清晰、规范、易于识别；出口还应保持畅通，不得放置有碍通行的物品，更不能以任何理由用上锁等方式封闭、堵塞生产经营场所和员工宿舍的出口。

11. 危险作业的现场安全管理

《安全生产法》第四十三条规定，生产经营单位进行爆破、吊装、动火、临时用电以及国务院应急管理部门会同国务院有关部门规定的其他危险作业，应当安排专门人员进行现场安全管理，确保操作规程的遵守和安全措施的落实。爆破、吊装、动火、临时用电等是比较常见的危险性较大的作业方式，特别是在矿山、建筑施工等单位，更是要经常进行这类作业。为了在进行这类作业时达到既方便施工，又保证安全的目的，必须安排专门人员进行现场管理，确保操作规程和安全措施的落实。

四、生产安全事故的应急救援与调查处理

1. 事故应急救援预案的制定与演练

生产经营单位是安全生产责任主体。一旦发生生产安全事故，生产经营单位应该首先开展事故救援工作。为了提高救援工作的针对性、有效性，防止事故扩大、减少事故人员伤亡和财产损失，生产经营单位制定应急预案具有重要意义。因此，《安全生产法》第八十一条规定，生产经营单位应当制定本单位生产安全事故应急救援预案，与所在地县级以上地方人民政府组织制定的生产安全事故应急救援预案相衔接，并定期组织演练。

2. 高危行业的应急救援要求

危险物品的生产、经营、储存单位以及矿山、金属冶炼、城市轨道交通运营、建筑施工单位由于其所从事的生产、经营等活动具

有特殊性，一旦发生事故，将会对人民群众的生命财产安全造成严重损害。因此，《安全生产法》第八十二条规定，危险物品的生产、经营、储存单位以及矿山、金属冶炼、城市轨道交通运营、建筑施工单位应当建立应急救援组织；生产经营规模较小的，可以不建立应急救援组织，但应当指定兼职的应急救援人员。

危险物品的生产、经营、储存、运输单位以及矿山、金属冶炼、城市轨道交通运营、建筑施工单位应当配备必要的应急救援器材、设备和物资，并进行经常性维护、保养，保证正常运转。

3. 报告事故并组织抢救

发生生产安全事故后，生产经营单位应当立即报告和开展应急救援工作。《安全生产法》第八十三条规定，生产经营单位发生生产安全事故后，事故现场有关人员应当立即报告本单位负责人。

单位负责人接到事故报告后，应当迅速采取有效措施，组织抢救，防止事故扩大，减少人员伤亡和财产损失，并按照国家有关规定立即如实报告当地负有安全生产监督管理职责的部门，不得隐瞒不报、谎报或者迟报，不得故意破坏事故现场、毁灭有关证据。

4. 事故调查处理

《安全生产法》第八十六条规定，事故调查处理应当按照科学严谨、依法依规、实事求是、注重实效的原则，及时、准确地查清事故原因，查明事故性质和责任，评估应急处置工作，总结事故教训，提出整改措施，并对事故责任单位和人员提出处理建议。事故调查报告应当依法及时向社会公布。事故调查和处理的具体办法由国务院制定。

事故发生单位应当及时全面落实整改措施，负有安全生产监督管理职责的部门应当加强监督检查。

负责事故调查处理的国务院有关部门和地方人民政府应当在批复事故调查报告后一年内，组织有关部门对事故整改和防范措施落实情况进行评估，并及时向社会公开评估结果；对不履行职责导致事故整改和防范措施没有落实的有关单位和人员，应当按照有关规定追究责任。

（1）事故调查原则。事故调查关系事故原因的查明，也关系后续相关责任的追究。事故调查应以事实为依据，按照科学严谨、依法依规、实事求是、注重实效的原则，及时、准确地查清事故原因，明确事故性质和责任。

（2）事故调查处理。事故调查时，应注重总结事故教训，提出整改措施，避免类似事故的发生；同时，对事故责任单位和人员提出处理建议。

（3）事后调查公布。事故调查完成后，应当依法及时向社会公布，保障社会公众的知情权和监督权，接受社会监督。

（4）事故整改措施的落实。负责事故调查处理的国务院有关部门和地方人民政府应当在批复事故调查报告后一年内，组织有关部门对事故整改和防范措施落实情况进行评估并及时向社会公开评估结果。

五、安全生产法律责任

1. 单位主要负责人违法责任

《安全生产法》第九十四条规定，生产经营单位的主要负责人未履行《安全生产法》规定的安全生产管理职责的，责令限期改正，处二万元以上五万元以下的罚款；逾期未改正的，处五万元以上十万元以下的罚款，责令生产经营单位停产停业整顿。

生产经营单位的主要负责人有上述违法行为，导致发生生产安全事故的，给予撤职处分；构成犯罪的，依照刑法有关规定追究刑事责任。

生产经营单位的主要负责人依照上述规定受刑事处罚或者撤职处分的，自刑罚执行完毕或者受处分之日起，五年内不得担任任何生产经营单位的主要负责人；对重大、特别重大生产安全事故负有责任的，终身不得担任本行业生产经营单位的主要负责人。

2. 单位安全生产管理人员违法责任

《安全生产法》第九十六条规定，生产经营单位的其他负责人和安全生产管理人员未履行本法规定的安全生产管理职责的，责令限期改正，处一万元以上三万元以下的罚款；导致发生生产安全事故的，暂停或者吊销其与安全生产有关的资格，并处上一年年收入百分之二十以上百分之五十以下的罚款；构成犯罪的，依照刑法有关规定追究刑事责任。

3. 从业人员违章操作的法律责任

《安全生产法》第一百零七条规定，生产经营单位的从业人员不落实岗位安全责任，不服从管理，违反安全生产规章制度或者操作规程的，由生产经营单位给予批评教育，依照有关规章制度给予处分；构成犯罪的，依照刑法有关规定追究刑事责任。

4. 生产经营单位安全管理违法责任

《安全生产法》第九十七条、第九十九条、第一百零一条和第一百一十三条规定了生产经营单位安全管理违法行为与责任。

（1）生产经营单位有下列行为之一的，责令限期改正，处十万元以下的罚款；逾期未改正的，责令停产停业整顿，并处十万元以上二十万元以下的罚款，对其直接负责的主管人员和其他直接责任人员处二万元以上五万元以下的罚款：

①未按照规定设置安全生产管理机构或者配备安全生产管理人员、注册安全工程师的；

②危险物品的生产、经营、储存、装卸单位以及矿山、金属冶炼、建筑施工、运输单位的主要负责人和安全生产管理人员未按照规定经考核合格的；

③未按照规定对从业人员、被派遣劳动者、实习学生进行安全生产教育和培训，或者未按照规定如实告知有关的安全生产事项的；

④未如实记录安全生产教育和培训情况的；

⑤未将事故隐患排查治理情况如实记录或者未向从业人员通报的；

⑥未按照规定制定生产安全事故应急救援预案或者未定期组织演练的；

⑦特种作业人员未按照规定经专门的安全作业培训并取得相应资格，上岗作业的。

（2）生产经营单位有下列行为之一的，责令限期改正，处五万元以下的罚款；逾期未改正的，处五万元以上二十万元以下的罚款，对其直接负责的主管人员和其他直接责任人员处一万元以上二万元以下的罚款；情节严重的，责令停产停业整顿；构成犯罪的，依照刑法有关规定追究刑事责任：

①未在有较大危险因素的生产经营场所和有关设施、设备上设置明显的安全警示标志的；

②安全设备的安装、使用、检测、改造和报废不符合国家标准或者行业标准的；

③未对安全设备进行经常性维护、保养和定期检测的；

④关闭、破坏直接关系生产安全的监控、报警、防护、救生设备、设施，或者篡改、隐瞒、销毁其相关数据、信息的；

⑤未为从业人员提供符合国家标准或者行业标准的劳动防护用品的；

⑥危险物品的容器、运输工具，以及涉及人身安全、危险性较大的海洋石油开采特种设备和矿山井下特种设备未经具有专业资质的机构检测、检验合格，取得安全使用证或者安全标志，投入使用的；

⑦使用应当淘汰的危及生产安全的工艺、设备的；

⑧餐饮等行业的生产经营单位使用燃气未安装可燃气体报警装置的。

（3）生产经营单位有下列行为之一的，责令限期改正，处十万元以下的罚款；逾期未改正的，责令停产停业整顿，并处十万元以上二十万元以下的罚款，对其直接负责的主管人员和其他直接责任人员处二万元以上五万元以下的罚款；构成犯罪的，依照刑法有关规定追究刑事责任：

①生产、经营、运输、储存、使用危险物品或者处置废弃危险物品，未建立专门安全管理制度、未采取可靠的安全措施的；

②对重大危险源未登记建档，未进行定期检测、评估、监控，未制定应急预案，或者未告知应急措施的；

③进行爆破、吊装、动火、临时用电以及国务院应急管理部门会同国务院有关部门规定的其他危险作业，未安排专门人员进行现场安全管理的；

④未建立安全风险分级管控制度或者未按照安全风险分级采取相应管控措施的；

⑤未建立事故隐患排查治理制度，或者重大事故隐患排查治理情况未按照规定报告的。

（4）生产经营单位存在下列情形之一的，负有安全生产监督管理职责的部门应当提请地方人民政府予以关闭，有关部门应当依法吊销其有关证照。生产经营单位主要负责人五年内不得担任任何生产经营单位的主要负责人；情节严重的，终身不得担任本行业生产经营单位的主要负责人：

①存在重大事故隐患，一百八十日内三次或者一年内四次受到本法规定的行政处罚的；

②经停产停业整顿，仍不具备法律、行政法规和国家标准或者行业标准规定的安全生产条件的；

③不具备法律、行政法规和国家标准或者行业标准规定的安全生产条件，导致发生重大、特别重大生产安全事故的；

④拒不执行负有安全生产监督管理职责的部门作出的停产停业整顿决定的。

第二节 应急管理法律法规知识

一、应急管理法律体系

应急管理是国家治理体系的重要组成部分。党的十八大以来，全面依法治国在各领域、各环节深入推进，应急管理领域也更加强调坚持依法管理，运用法治思维和法治方式提高应急管理的法治化、规范化水平。我国应急管理法治建设虽然起步较晚，但在实践中得到长足发展，并逐步向体系化发展，目前形成了以《中华人民共和国宪法》为基础，以《中华人民共和国突发事件应对法》为主体，以各类"单灾种"、单项法律法规为"两翼"，以其他相关法律、法规、规章、条约、公约、协定为补充的法律体系，但本应作为应急管理基本法的"应急管理法"仍处于缺席状态，为此，应急管理部政策法规司指出，应加快构建"1+4"应急法律体系主干框架，即建立以"应急管理法"为核心，包含应急管理全过程法律法规，以自然灾害、事故灾难、公共卫生事件、社会安全事件四大法律领域为主体的体系架构。

1. 相关法律

应急管理相关法律主要包括应急专项法，如《中华人民共和国突发事件应对法》《中华人民共和国防震减灾法》《中华人民共和国消防法》等，以及涉及安全生产应急救援的法律，如《中华人民共和国安全生产法》《中华人民共和国矿山安全法》《中华人民共和国特种设备安全法》《中华人民共和国道路交通安全法》等。

2. 国务院文件

应急管理相关国务院文件主要包括《关于推进安全生产领域改革发展的意见》《关于推进城市安全发展的意见》《安全生产"十三五"规划》《国家职业病防治规划（2016—2020年）》《关于全面加强危险化学品安全生产工作的意见》等。

3. 行政法规

应急管理相关行政法规主要包括《生产安全事故应急条例》《危险化学品安全管理条例》《电力安全事故应急处置和调查处理条例》《铁路交通事故应急救援和调查处理条例》等。

4. 标准

安全生产相关国家标准、行业标准主要包括《生产经营单位生产安全事故应急预案编制导则》（GB/T 29639—2020）、《生产经营单位生产安全事故应急预案评估指南》（AQ/T 9011—2019）、《生产安全事故应急演练基本规范》（AQ/T 9007—2019）、《生产安全事故应急演练评估规范》（AQ/T 9009—2015）等。同时应根据自身工作领域和范畴了解行业相关的应急管理标准，如《噪声职业病危害风险管理指南》（WS/T 754—2016）、《危险化学品事故应急救援指挥导则》（AQ/T 3052—2015）、《煤矿安全监控系统及检测仪器使用管理规范》（AQ 1029—2019）等。

二、主要应急管理法律法规简介

1.《中华人民共和国突发事件应对法》

《中华人民共和国突发事件应对法》（以下简称《突发事件应对法》）由中华人民共和国第十届全国人民代表大会常务委员会第二十九次会议于2007年8月30日通过，自2007年11月1日起施行。

《突发事件应对法》是为了预防和减少突发事件的发生，控制、减轻和消除突发事件引起的严重社会危害，规范突发事件应对活动，保护人民生命财产安全，维护国家安全、公共安全、环境安全和社会秩序而制定。该法适用于突发事件的预防与应急准备、监测与预警、应急处置与救援、事后恢复与重建等应对活动，包括总则、预防与应急准备、监测与预警、应急处置与救援、事后恢复与重建、法律责任、附则共7章、70条内容。

2.《中华人民共和国防震减灾法》

《中华人民共和国防震减灾法》（以下简称《防震减灾法》）由中华人民共和国第八届全国人民代表大会常务委员会第二十九次会议于1997年12月29日通过，由第十一届全国人民代表大会常务委员会第六次会议于2008年12月27日修订，自2009年5月1日起施行。

《防震减灾法》是为了防御和减轻地震灾害，保护人民生命和财产安全，促进经济社会的可持续发展而制定。该法适用于在中华人民共和国领域和中华人民共和国管辖的其他海域从事地震监测预报、地震灾害预防、地震应急救援、地震灾后过渡性安置和恢复重建等防震减灾活动。包括总则、防震减灾规划、地震监测预报、地震灾害预防、地震应急救援、地震灾后过渡性安置和恢复重建、监督管理、法律责任、附则共9章、93条内容。

3.《中华人民共和国消防法》

1998年4月29日第九届全国人民代表大会常务委员会第二次会议审议通过了《中华人民共和国消防法》（以下简称《消防法》），自1998年9月1日起施行。2008年10月28日第十一届全国人民代表大会常务委员会第五次会议对《消防法》做了修订,自2009年5月1日起施行。2019年4月23日第十三届全国人民代表大会常务委员会第十次会议做了第一次修正。2021年4月29日第十三届全国人民代表大会常务委员会第二十八次会议做了第二次修正。

《消防法》是为了预防火灾和减少火灾危害,加强应急救援工作,保护人身、财产安全,维护公共安全而制定。该法包括总则、火灾预防、消防组织、灭火救援、监督检查、法律责任、附则共7章、74条内容。

4.《生产安全事故应急条例》

《生产安全事故应急条例》由国务院第33次常务会议于2018年12月5日通过,自2019年4月1日起施行。

《生产安全事故应急条例》是为了规范生产安全事故应急工作,保障人民群众生命和财产安全,根据《安全生产法》和《突发事件应对法》而制定。该条例适用于生产安全事故应急工作。包括总则、应急准备、应急救援、法律责任、附则共5章、35条内容。

5.《生产安全事故报告和调查处理条例》

《生产安全事故报告和调查处理条例》由国务院第172次常务会议于2007年3月28日通过,自2007年6月1日起施行。

《生产安全事故报告和调查处理条例》是为了规范生产安全事故的报告和调查处理,落实生产安全事故责任追究制度,防止和减少生产安全事故,根据《安全生产法》和有关法律而制定。该条例适用于生产经营活动中发生的造成人身伤亡或者直接经济损失的生产安全事故的报告和调查处理工作,但不适用于环境污染事故、核设施事故、国防科研生产事故的报告和调查处理。包括总则、事故报告、事故调查、事故处理、法律责任、附则共6章、46条内容。

本 章 小 结

1.《安全生产法》详细规定了生产经营单位的安全生产保障、安全管理机构与人员的职责、从业人员的安全生产权利义务和安全生产的监督管理、生产安全事故的应急救援与调查处理以及安全生产标准化等方面的有关法律问题。

2. 追究安全生产违法行为法律责任的形式有 3 种，即行政责任、民事责任和刑事责任。

3. 我国应急管理法治建设形成了以《中华人民共和国宪法》为基础，以《突发事件应对法》为主体，以各类"单灾种"、单项法律法规为两翼，以其他相关法律、法规、规章、条约、公约、协定为补充的法律体系，加快构建"1+4"应急法律体系主干框架，即建立以"应急管理法"为核心，包含应急管理全过程法律法规，以自然灾害、事故灾难、公共卫生事件、社会安全事件四大法律领域为主体的体系架构。

复习思考题

1. 生产经营单位应承担的安全生产责任有哪些？
2. 生产经营单位主要负责人的安全生产职责是什么？
3. 从业人员违章操作的法律责任有哪些？
4. 《突发事件应对法》的立法目的是什么？

第二章 职业安全健康权利与义务

本章学习目标
1. 掌握职工的职业安全与卫生权利与义务。
2. 掌握工伤保险的概念和工伤认定条件。
3. 掌握职业病定义及分类。
4. 了解劳动能力鉴定和工伤保险待遇。
5. 了解职业病诊断和职业病病人保障。

第一节 职工享有的职业安全与卫生权利

职工既是安全生产保护的对象,又是实现安全生产的基本要素。为了实现安全生产,防止和减少生产安全事故,必须保障生产经营单位的职工依法享有获得安全与卫生的权利。

一、获得劳动安全、卫生保护的权利

1. 保障劳动安全、防止职业危害

《中华人民共和国劳动法》(以下简称《劳动法》)第三条规定,劳动者享有获得劳动安全卫生保护的权利。

《中华人民共和国劳动合同法》(以下简称《劳动合同法》)第十七条规定,劳动保护、劳动条件、职业危害防护和社会保险都属于劳动合同的必备条款。

《安全生产法》第五十二条第一款规定,劳动合同中应当载明有关保障从业人员劳动安全、防止职业危害的事项。这是生产经营单位必须履行的一项义务,也是从业人员享有的一项重要权利。

《中华人民共和国职业病防治法》(以下简称《职业病防治法》)第三十三条规定,用人单位与劳动者订立劳动合同(含聘用

合同）时，应当将工作过程中可能产生的职业病危害及其后果、职业病防护措施和待遇等如实告知劳动者，并在劳动合同中写明，不得隐瞒或者欺骗。劳动者在已订立劳动合同期间因工作岗位或者工作内容变更，从事与所订立劳动合同中未告知的存在职业病危害的作业时，用人单位应当依照前款规定，向劳动者履行如实告知的义务，并协商变更原劳动合同相关条款。用人单位违反上述规定的，劳动者有权拒绝从事存在职业病危害的作业，用人单位不得因此解除与劳动者所订立的劳动合同。

2. 办理工伤保险

《安全生产法》第五十二条第一款规定，劳动合同中应当载明有关依法为从业人员办理工伤保险的事项。

《中华人民共和国社会保险法》规定，工伤保险具有强制性，职工应当参加工伤保险，由用人单位缴纳工伤保险费，职工不缴纳工伤保险费。

3. 禁止订立非法协议

《安全生产法》第五十二条第二款规定，生产经营单位不得以任何形式与从业人员订立协议，免除或者减轻其对从业人员因生产安全事故伤亡依法应承担的责任。

二、知情权和建议权

《安全生产法》第五十三条规定，生产经营单位的从业人员有权了解其作业场所和工作岗位存在的危险因素、防范措施及事故应急措施，有权对本单位的安全生产工作提出建议。

1. 知情权

职工有权了解其作业场所和工作岗位三个方面的情况：一是存在的危险因素；二是防范措施；三是事故应急措施。知情权是职工的一项重要权利，其他一些法律也有相应的规定，如《职业病防治法》中规定，劳动者有权了解工作场所产生或者可能产生的职业病危害因素、危害后果和应当采取的职业病防护措施。

2. 建议权

工作在一线的职工最了解生产经营活动的实际情况，对于如何保证安全生产、改善劳动条件和作业环境也最有发言权。因此，规定职工有权对本单位安全生产工作提出建议，可以充分发挥他们的聪明才智，提高企业的安全生产水平。

三、批评、检举、控告的权利

《劳动法》第五十六条规定，劳动者对用人单位管理人员违章指挥、强令冒险作业，有权拒绝执行；对危害生命安全和身体健康的行为，有权提出批评、检举和控告。

《安全生产法》第五十四条规定，从业人员有权对本单位安全生产工作中存在的问题提出批评、检举、控告；有权拒绝违章指挥和强令冒险作业。生产经营单位不得因从业人员对本单位安全生产工作提出批评、检举、控告或者拒绝违章指挥、强令冒险作业而降低其工资、福利等待遇或者解除与其订立的劳动合同。

《职业病防治法》第三十九条规定，劳动者享有对违反职业病防治法律、法规以及危及生命健康的行为提出批评、检举和控告的权利。

因此，用人单位应当为职工充分行使这项权利提供机会，重视和尊重职工的批评和建议，并对他们的批评和建议作出答复。同时，用人单位对职工提出的批评和建议应当分情况处理，合理的应当采纳，不合理的应当给予解释，暂时不能解决的问题，应当加以说明。如果用人单位不接受批评监督，职工有权向用人单位的上级主管部门和负有安全生产、职业健康监督管理职责的政府行政部门、监察机关以及工会组织等进行检举、控告，以便有关部门了解、掌握用人单位在安全生产和职业病防治工作中存在的问题，采取措施，制止和查处用人单位违反法律、法规的行为，防止生产安全事故和职业病危害事故的发生。

四、拒绝违章指挥、强令冒险作业的权利

《劳动法》第五十六条规定，劳动者对用人单位管理人员违章指挥、强令冒险作业，有权拒绝执行。

《安全生产法》第五十四条规定，从业人员有权拒绝违章指挥和强令冒险作业。

《职业病防治法》第三十九条规定，劳动者享有拒绝违章指挥和强令进行没有职业病防护措施的作业的权利。

违章指挥、强令冒险作业是指用人单位的负责人、管理人员或者工程技术人员违反规章、制度和操作规程，或者在明知存在危险、有害因素又没有采取相应的防护措施，开始或继续作业会危及操作人员生命安全和身体健康的情况下，忽视操作人员的安危，不顾操作人员的要求，强迫、命令其进行生产作业。这种行为会对操作人员的生命安全和身体健康构成严重威胁，是导致伤亡事故的直接原因。因此，法律赋予职工拒绝违章指挥和强令冒险作业的权利，不仅是为了保护职工的人身安全，也是为了警示用人单位负责人、管理人员或者工程技术人员必须照章指挥、保证安全。

五、紧急情况处置权

《安全生产法》第五十五条第一款规定，从业人员发现直接危及人身安全的紧急情况时，有权停止作业或者在采取可能的应急措施后撤离作业场所。

这是在特定情况下，法律赋予职工采取特定措施的权利，目的是保护职工的人身安全。特定情况是"发现直接危及人身安全的紧急情况"，如果不撤离会对生命安全和身体健康造成直接的威胁。

职工在行使这项权利时，应当注意以下四个问题。

（1）危及职工安全的紧急情况必须有确实可靠的事实根据，凭借个人无根据的猜测或者误判而实际并没有危及人身安全时，不可贸然停止生产作业。

（2）紧急情况必须是直接危及人身安全的情况，间接或者可能危及人身安全的情况下，不应撤离作业现场，而应积极采取有效的处理措施。

（3）出现危及人身安全的紧急情况时，首先应停止作业，然后要采取可能的应急措施。采取应急措施无效时，再撤离作业现场。

（4）该项权利不适用于某些从事特殊职业的职工，例如船舶驾驶人员、车辆驾驶人员等，根据有关法律、国际公约和职业特点，在发生危及人身安全的紧急情况时，这些岗位的职工不能或者不能先行撤离岗位或者操作场所。

六、享有工伤保险和获得救治、赔偿的权利

根据国际上各国公认的"无过错（过失）赔偿"原则，法律规定了职工享有工伤保险和伤亡赔偿的权利。只要依法确认职工为工伤，无论责任在谁，都由社会保险基金或用人单位负责赔偿和补偿。

《安全生产法》第五十六条规定，生产经营单位发生生产安全事故后，应当及时采取措施救治有关人员。因生产安全事故受到损害的从业人员，除依法享有工伤保险外，依照有关民事法律尚有获得赔偿的权利的，有权提出赔偿要求。

《职业病防治法》第五十八条规定，职业病病人除依法享有工伤保险外，依照有关民事法律，尚有获得赔偿的权利的，有权向用人单位提出赔偿要求。

法律赋予了职工享有工伤保险和获得伤亡赔偿的权利，职工在行使这项权利时应当明确以下四个问题。

（1）法律规定的这项权利必须以劳动合同必要条款的书面形式加以确认。用人单位在劳动合同中没有依法载明有关保障职工劳动安全、防止职业危害的事项，或者免除、减轻其对职工因生产安全事故和职业病危害事故遭受伤害应承担的责任，是一种非法行为，应当承担相应的法律责任。

（2）用人单位为职工缴纳工伤保险费和给予民事赔偿是其法定的义务，用人单位不得以任何形式免除各项义务，不得变相以抵押金、担保金等名义强制职工个人承担工伤保险费。

（3）发生生产安全事故或职业病危害事故后，职工首先依照工伤保险相关法律法规的规定，享有相应的工伤保险待遇。如果依照有关民事法律应当给予赔偿的，职工或其亲属有要求用人单位给予赔偿的权利，用人单位必须履行相应的赔偿义务。否则，职工或其亲属有向人民法院提起诉讼和申请强制执行的权利。

（4）职工获得工伤保险待遇和民事赔偿的金额标准、领取和支付程序，必须符合法律、法规和政策文件有关规定。职工和用人单

位均不得自行确定标准，不得非法提高或者降低标准。

七、接受教育培训的权利

《劳动法》第三条规定，劳动者享有接受职业技能培训的权利。

《安全生产法》第五十八条规定，从业人员应当接受安全生产教育和培训，掌握本职工作所需的安全生产知识，提高安全生产技能，增强事故预防和应急处理能力。

《职业病防治法》第三十九条第一款规定，劳动者享有获得职业卫生教育、培训的权利。

生产作业过程的复杂性和危险性，决定了职工接受安全生产和职业卫生教育培训的必要性。因此，法律赋予了职工享有接受教育培训、获取保护自己和他人的安全健康所必需的知识与技能的权利。这项权利也是保证职工知情权和参与权的前提条件。

职工必须具备的职业安全卫生知识和技能主要包括以下五项。

（1）了解有关职业安全卫生法律、法规和标准，增强法治意识，特别是增强维权意识。

（2）掌握与本职工作有关的工作环境、生产过程、机械设备及危险物质等方面的安全生产和职业病防治的基本知识和技能。

（3）掌握符合安全生产和职业病防治要求的操作规程。

（4）学会正确佩戴和使用个人劳动防护用品。

（5）掌握可能发生事故的应急处理措施和救援逃生方法。

八、获得职业病防治服务的权利

《职业病防治法》第三十九条规定，职工享有获得职业健康检查、职业病诊疗、康复等职业病防治服务的权利。

对从事接触职业病危害作业的职工，用人单位应当按照规定组织上岗前、在岗期间和离岗时的职业健康检查，并将检查结果书面告知职工。职业健康检查费用由用人单位承担。

被诊断为职业病的职工，有依法享受国家规定的职业病待遇，接受治疗、康复和定期检查的权利。对不适宜继续从事原工作的职业病病人，用人单位应当将其调离原岗位，并妥善安置。用人单位对从事接触职业病危害作业的职工，应当给予岗位津贴。职业病病人的诊疗、康复费用，伤残以及丧失劳动能力的职业病病人的社会保障，按照国家有关工伤保险的规定执行。

九、提请劳动争议处理的权利

《劳动法》第三条规定，劳动者享有提请劳动争议处理的权利；第七十七条规定，用人单位与劳动者发生劳动争议，当事人可以依法申请调解、仲裁、提起诉讼，也可以协商解决。

劳动争议发生后，当事人可以向本单位劳动争议调解委员会申请调解；调解不成，当事人要求仲裁的，可以向劳动争议仲裁委员会申请仲裁。当事人也可以直接向劳动争议仲裁委员会申请仲裁。对仲裁裁决不服的，可以向人民法院提起诉讼。解决劳动争议，应当根据合法、公正、及时处理的原则，依法维护劳动争议当事人的合法权益。

第二节 职工的职业安全与卫生义务

法律在赋予职工权利的同时，也明确了相应的义务。职工在依法享有职业安全与卫生权利的同时，也应当履行相应的法律义务和承担一定的法律责任。从另一个角度来说，职工履行自己的义务，也是为了保障自己和他人的安全健康，实质上也是在保障自己的权利。

一、遵守规章制度和操作规程的义务

《劳动法》第三条规定，劳动者应当完成劳动任务，提高职业技能，执行劳动安全、卫生规程，遵守劳动纪律和职业道德。

《劳动法》第五十六条规定，劳动者在劳动过程中必须严格遵守安全操作规程。

《安全生产法》第五十七条规定，从业人员在作业过程中，应当严格遵守本单位的安全生产规章制度和操作规程，服从管理，正确佩戴和使用劳动防护用品。

《职业病防治法》第三十四条规定，劳动者应当遵守职业病防

治法律、法规、规章和操作规程。

安全生产和职业病防治规章制度是用人单位依照国家法律、法规、规章和标准要求，结合本单位的实际情况所制定的有关安全生产、职业病防治的具体规范。从这个意义上讲，遵守规章制度，实际上就是依法进行安全生产。由于规章制度是根据本单位实际情况而制定的，所以针对性和可操作性较强，对保障本单位的安全生产具有现实的意义。

操作规程是用人单位为保障安全生产、避免职业病危害，针对具体操作技术和操作程序所制定的规程，是具体指导操作人员进行规范操作、标准作业的重要技术准则。操作规程是操作人员经验的总结，有些规定是经过血的教训，甚至是付出了生命的代价换来的，因此，它是使职工自己和他人免受伤害的"护身法宝"。职工不但自己必须严格遵守规章制度和操作规程，而且不允许任何人以任何借口违反它们。依照法律规定，职工违反安全生产和职业病防治规章制度和操作规程，用人单位应对其进行批评教育，并依照有关规章制度对其给予处分；造成重大事故，构成犯罪的，依照刑法有关规定追究其刑事责任。

二、掌握安全、卫生知识和技能的义务

《安全生产法》第五十八条规定，从业人员应当接受安全生产教育和培训，掌握本职工作所需的安全生产知识，提高安全生产技能，增强事故预防和应急处理能力。

《职业病防治法》第三十四条规定，劳动者应当学习和掌握相关的职业卫生知识，增强职业病防范意识。

掌握安全、卫生知识，提高操作技能和应急处理能力是职工的义务。生产经营活动的复杂性和多样性决定了安全、卫生知识和安全操作技能的复杂性和多样性。特别是随着生产经营领域的不断扩大、高新技术装备的大量使用，更需要职工具备系统的安全、卫生知识和熟练的安全操作技能，以及处理不安全因素和事故隐患、突发事故的能力和经验。因此，为了预防伤亡事故和职业病危害事故，职工必须具备相关的知识与技能。

三、对事故隐患和职业病危害及时报告的义务

《安全生产法》第五十九条规定，从业人员发现事故隐患或者其他不安全因素，应当立即向现场安全生产管理人员或者本单位负责人报告；接到报告的人员应当及时予以处理。

《职业病防治法》第三十四条规定，劳动者发现职业病危害事故隐患应当及时报告。

由于职工承担着具体的操作任务，处于生产劳动的第一线，是事故隐患和职业病危害因素的第一当事人，因此，他们更容易发现事故隐患和其他不安全因素。如果职工尽职尽责，及时发现并报告事故隐患和不安全因素，使得这些问题得到有效处理，就完全可以避免伤亡事故和职业病危害事故的发生。许多生产安全事故正是由于职工没有及时报告事故隐患和不安全因素，延误了采取措施进行紧急处理的时机才发生的。因此，法律规定，职工一旦发现事故隐患和其他不安全因素，有义务立即向现场管理人员或者本单位负责人报告，不得隐瞒不报或者拖延报告；而且要如实报告，既不能夸大事实，也不能大事化小。这对于用人单位及时采取必要的防范措施、消除事故隐患和职业病危害，具有十分重要的意义。

报告事故隐患，重在及时，贵在及时。这就要求职工必须有高度的责任心，防微杜渐，将事故消灭在萌芽状态。当然，也包括事故发生后，职工及时向本单位负责人报告事故情况，以便采取应急措施，避免事故的扩大。

四、正确佩戴和使用劳动防护用品的义务

《安全生产法》第五十七条规定，从业人员在作业过程中，应当正确佩戴和使用劳动防护用品。

《职业病防治法》第三十四条规定，劳动者应当正确使用、维护职业病防护设备和个人使用的职业病防护用品。

为职工提供符合国家标准或者行业标准的劳动防护用品，并督促职工正确佩戴和使用是用人单位的责任，而正确佩戴和使用劳动防护用品也是职工必须履行的法定义务。尽管用人单位在生产劳动

过程中采取了安全卫生防护措施，但由于客观条件限制，仍会存在一些不安全、不卫生的因素，对职工的安全与健康构成威胁。因此，劳动防护用品就成为保护职工安全和健康的一道重要防线。但实践中，由于一些职工缺乏安全与卫生知识和自我保护意识，不按规定佩戴或者不能正确佩戴和使用劳动防护用品，发生伤害事故后造成了不必要的伤亡。例如，从事高处作业的人员不按规定佩戴安全帽和安全带，高处坠落后造成严重伤害。

不同的劳动防护用品具有不同的佩戴方法和使用要求，如果职工不按要求正确佩戴和使用，就不能充分发挥劳动防护用品应有的作用。因此，职工在作业过程中必须按照劳动防护用品的使用规则和要求正确佩戴和使用。履行这项义务既是保护职工自身安全和健康的需要，也是实现安全生产、预防职业病的客观需要。

五、服从管理的义务

《安全生产法》第五十七条规定，从业人员在作业过程中，应当严格遵守本单位的安全生产规章制度和操作规程，服从管理。

现代化生产系统性、关联性较强，影响安全生产的因素较多，需要统一的指挥和管理。为了保持良好的生产劳动秩序，用人单位的负责人和管理人员有权依照规章制度和操作规程进行安全管理，监督、检查职工遵章守规的情况。对于这样的管理，职工必须接受并服从。也就是说，职工应当服从符合规章制度和操作规程的、正确合理的管理，而对于管理人员的违章指挥、强令冒险作业，职工有权拒绝。

第三节　工伤保险权益

一、工伤保险的概念

工伤保险是指国家和社会通过立法，为在生产、工作或在规定的某些特殊情况下遭受意外事故伤害或职业病伤害的职工，提供医疗服务、生活保障、经济补偿和职业康复，为因受上述职业伤害而死亡的职工的亲属提供遗属抚恤等物质帮助的社会保险制度。工伤保险补偿的内容既包括受到伤害的职工医疗、康复的费用，也包括生活保障所需的物质帮助。工伤保险是社会保险制度的重要组成部分，对于维护职工基本权益、维持社会稳定、促进经济发展与社会进步都具有十分重要的意义。

二、工伤保险的基本原则

1. 采取无过失责任原则

无过失责任是指职工在各种伤害事故中只要不是本人故意行为所致，就应该按照规定标准享受工伤保险待遇。只要事故发生，不论用人单位或职工是否存在过错，无论责任在谁，原则上，工伤职工都可以享受工伤保险待遇，即无过错赔偿。但享受工伤保险待遇，并不意味不追究事故责任。相反，对于发生的事故必须认真调查，分析事故原因，查明事故责任，认真吸取教训。

2. 严格区别工伤和非工伤

意外事故实行无过失责任原则并不意味取消因工和非因工的界定，否则工伤保险就不切合实际。职工受伤害，一般可以分为因工和非因工两类，前者是由执行公务或在工作生产过程中，为社会或为集体奉献而受到的职业伤害所致，与工作和职业有直接关系；后者则与职业无关，完全是个人行为所致。严格区分因工和非因工界限，明确因工伤事故产生的费用，按有关规定由工伤保险基金和用人单位来承担，这样做有利于对那些为国家或集体奉献者进行褒扬抚恤，也有利于生产发展和社会财富的积累。

3. 预防、补偿和康复相结合的原则

为保障工伤职工的合法权益，维护、增进和恢复职工的身体健康，必须把单纯的经济补偿和医疗康复以及工伤预防有机结合起来。工伤保险的经济补偿，是为了保障伤残职工及其遗属的基本生活。但同时更要做好事故预防和职业病防治，保障职工安全与健康。从长远看，预防、补偿、康复三者结合起来，形成一体化的社会服务体系，是我国工伤保险发展的必然趋势。这样做有利于安全生产和职业病防治，减少工伤事故和职业病的发生，能够获得最大的社会效益。

4. 职工个人不缴费原则

工伤保险费全部由用人单位负担，职工个人不缴费。

5. 强制性原则

强制性原则是指由国家通过立法手段强制工伤保险制度的实行，对于不依法参加工伤保险的用人单位，以及不按法定的项目、标准和方式支付待遇，不按法定的标准和时间缴纳工伤保险费的行为，要依法追究法律责任。

三、工伤认定

1. 认定工伤

《工伤保险条例》（以下简称《条例》）第十四条规定，职工有下列情形之一的，应当认定为工伤。

（1）在工作时间和工作场所内，因工作原因受到事故伤害的。

"工作时间"和"工作场所"是两个必须同时具备的前提条件，同时还得是"因工作原因"而负伤、致残或者死亡。事故伤害是指职工在劳动过程中发生的人身伤害、急性中毒事故等类似伤害。

（2）工作时间前后在工作场所内，从事与工作有关的预备性或者收尾性工作受到事故伤害的。

职工为完成工作，在工作时间前后，有时需要做一些与工作有关的预备性或者收尾性工作。这段时间虽然不是职工的工作时间，但是在这段时间内从事的预备性或者收尾性工作，是与工作有直接关系的，因此《条例》规定这种情形也应认定为工伤。所谓"预备性工作"，是指在工作前的一段合理时间内，从事与工作有关的准备工作，包括运输、备料、准备工具等。例如，某职工在开始工作前来到单位，按照惯例对其工作时使用的机器进行调试。该职工调试机器的行为，就属于预备性工作。如果该职工在调试机器过程中不慎受伤，其所受到的伤害，应认定为工伤。所谓"收尾性工作"，是指在工作后的一段合理时间内，从事与工作有关的收尾工作，包括清理、安全储存、收拾工具和衣物等。例如，工作结束后，某职工将工作时使用的工具收进仓库，则该职工收拾工具的行为，就属于收尾性工作。如果该职工在收拾工具的过程中不慎被工具砸伤，其在收拾工具过程中受到的伤害，应认定为工伤。

（3）在工作时间和工作场所内，因履行工作职责受到暴力等意外伤害的。

"工作时间"和"工作场所"必须同时具备，并且必须是在履行本职工作。这里受到的伤害是"非工作原因"，是来自本单位或者外界的"暴力、意外"等所致。例如，有人因职工履行工作职责而不满，对其人身进行直接攻击，致使该职工负伤、致残或者死亡等，应认定为工伤。

（4）患职业病的。

根据《职业病防治法》中的规定，职业病是指企业、事业单位和个体经济组织等用人单位的劳动者在职业活动中，因接触粉尘、放射性物质和其他有毒、有害因素而引起的疾病。

（5）因工外出期间，由于工作原因受到伤害或者发生事故下落不明。

实际工作中，职工除了在本单位内工作外，由于工作需要，有时还必须到本单位外去工作，这时如果职工由于工作原因受到事故伤害，也应该认定为工伤。同时，考虑到职工因工外出期间，如果遇到事故下落不明，很难确定职工是在事故中死亡了还是由于事故暂时无法与单位取得联系。本着尽量维护职工合法权益的基本精神，《条例》规定，在因工外出期间，发生事故造成职工下落不明的，就应该认定为工伤。这里的"因工外出"，是指职工不在本单位内，由于工作需要被领导指派到本单位以外工作，或者为了更好地完成工作，自己到本单位以外从事与本职工作有关的工作。这里的"外出"包括两层含义：一是指到本单位以外，但是还在本地范围内；二是指不仅离开了本单位，并且到外地去了。"由于工作原因受到伤害"，是指由于工作原因直接或间接造成的伤害，包括事故伤害、暴力伤害和其他形式的伤害。"发生事故下落不明"中的"事故"，包括安全事故、意外事故以及自然灾害等各种形式的事故。

（6）在上下班途中，受到非本人主要责任的交通事故或者城市轨道交通、客运轮渡、火车事故伤害的。

①这里的"上下班途中",包括职工按正常工作时间上下班的途中,以及职工加班加点后上下班的途中。例如,按规定,职工上午8点上班,职工在8点前来到单位的途中,都应属于上班的途中;如果职工应该下午5点下班,但是由于单位安排加班,职工在6点才从单位走,那么职工在6点后从单位回到家的途中,也应属于下班途中。

②该规定扩大了上下班途中的工伤认定范围,将上下班途中的机动车和非机动车事故伤害,以及城市轨道交通、客运轮渡、火车事故伤害都纳入了工伤认定范围。这应从两个方面进行理解:一方面,职工在上下班途中,无论是驾驶机动车发生事故造成自身伤害的,还是没有驾驶机动车而被机动车撞伤的,都应当认定为工伤;另一方面,职工上下班途中无论是受到机动车和非机动车事故伤害,还是受到城市轨道交通、客运轮渡、火车事故伤害的,都应当认定为工伤。

③《条例》对事故作了"非本人主要责任"的限定。上下班途中"非本人主要责任"的交通事故伤害才能认定为工伤;对上下班途中本人承担主要责任的交通事故,如无证驾驶、酒后驾驶等行为造成本人伤亡的,不纳入工伤的范围。

(7) 法律、行政法规规定应当认定为工伤的其他情形。

这是一条法律上的兜底条款,由于工伤事故具有复杂性和不确定性,不仅需要专门的法律、行政法规的规范性、强制性规定,也需其他法律、法规做出相应调整,对于法律、行政法规规定为工伤的其他情形,也应当纳入《条例》调整的工伤范畴中。

2. 视同工伤

《工伤保险条例》第十五条规定,职工有下列情形之一的,视同工伤。

(1) 在工作时间和工作岗位,突发疾病死亡或者在48小时之内经抢救无效死亡的。

这里所称的"工作时间",是指法律规定的或者单位要求职工工作的时间,包括加班加点时间。这里所称的"工作岗位",是指职工日常所在的工作岗位和本单位领导指派所从事工作的岗位。例如，清洁工人负责的清洁区域都属于该工人的工作岗位。这里的"突发疾病"，是指上班期间突然发生的各种类型疾病，一般多为心脏病、脑出血、急性心肌梗死等突发性疾病。《条例》规定，职工在工作时间和工作岗位突发疾病当场死亡的，以及职工在工作时间和工作岗位突发疾病后没有当时死亡，但在48小时之内经抢救无效死亡的，应当视同工伤。

（2）在抢险救灾等维护国家利益、公共利益活动中受到伤害的。

为了帮助广大职工和人力资源社会保障行政部门更好地理解和掌握哪种情形属于维护国家利益和维护公共利益，《条例》举出了抢险救灾这种情形，但凡是与抢险救灾性质类似的行为，都应当认定为属于维护国家利益和维护公共利益的行为。需强调的是，在这种情形下，没有工作时间、工作地点、工作原因等要素要求。例如，某单位职工在过铁路道口时，看到在道口附近有个小孩正牵着一头牛过铁路，这时，前方恰好有一辆满载旅客的列车驶来，该职工赶紧过去将牛牵走并将小孩推出铁道。列车安全地通过了，可该职工却因来不及跑开，被列车撞成重伤。该职工的这种行为，就属于维护国家利益和公共利益的行为。

（3）职工原在军队服役，因战、因公负伤致残，已取得革命伤残军人证，到用人单位后旧伤复发的。

职工有上述第（1）项、第（2）项情形的，按照《条例》的有关规定享受工伤保险待遇；职工有上述第（3）项情形的，按照《条例》的有关规定享受除一次性伤残补助金以外的工伤保险待遇。

3. 不得认定为工伤或者视同工伤的情形

《工伤保险条例》第十六条规定，职工符合《条例》第十四条、第十五条的规定，但是有下列情形之一的，不得认定为工伤或者视同工伤：

（1）故意犯罪的；

（2）醉酒或者吸毒的；

（3）自残或者自杀的。

4. 工伤认定申请时限

（1）职工发生事故伤害或者按照《职业病防治法》规定被诊断、鉴定为职业病，所在单位应当自事故伤害发生之日或者被诊断、鉴定为职业病之日起30日内，向统筹地区人力资源社会保障行政部门提出工伤认定申请。遇有特殊情况，经报人力资源社会保障行政部门同意，申请时限可以适当延长。

（2）用人单位未按上述规定提出工伤认定申请的，工伤职工或者其近亲属、工会组织在事故伤害发生之日或者被诊断、鉴定为职业病之日起1年内，可以直接向用人单位所在地统筹地区人力资源社会保障行政部门提出工伤认定申请。

按照上述第（1）项规定应当由省级人力资源社会保障行政部门进行工伤认定的事项，根据属地原则由用人单位所在地的设区的市级人力资源社会保障行政部门办理。

用人单位未在上述第（1）项规定的时限内提交工伤认定申请，在此期间发生符合《条例》规定的工伤待遇等有关费用由该用人单位负担。

5. 工伤认定申请应当提交的材料

提出工伤认定申请应当提交下列材料：

（1）工伤认定申请表；

（2）与用人单位存在劳动关系（包括事实劳动关系）的证明材料；

（3）医疗诊断证明或者职业病诊断证明书（或者职业病诊断鉴定书）。

工伤认定申请表应当包括事故发生的时间、地点、原因以及职工伤害程度等基本情况。工伤认定申请人提供材料不完整的，人力资源社会保障行政部门应当一次性书面告知工伤认定申请人需要补正的全部材料。申请人按照书面告知要求补正材料后，人力资源社会保障行政部门应当受理。人力资源社会保障行政部门受理工伤认定申请后，根据审核需要可以对事故伤害进行调查核实，用人单位、职工、工会组织、医疗机构以及有关部门应当予以协助。职业病诊断和诊断争议的鉴定，依照职业病防治法的有关规定执行。对依法取得职业病诊断证明书或者职业病诊断鉴定书的，人力资源社会保障行政部门不再进行调查核实。

职工或者其近亲属认为是工伤，用人单位不认为是工伤的，由用人单位承担举证责任。

人力资源社会保障行政部门应当自受理工伤认定申请之日起60日内作出工伤认定的决定，并书面通知申请工伤认定的职工或者其近亲属和该职工所在单位。人力资源社会保障行政部门对受理的事实清楚、权利义务明确的工伤认定申请，应当在15日内作出工伤认定的决定。作出工伤认定决定需要以司法机关或者有关行政主管部门的结论为依据的，在司法机关或者有关行政主管部门尚未作出结论期间，作出工伤认定决定的时限中止。人力资源社会保障行政部门工作人员与工伤认定申请人有利害关系的，应当回避。

四、劳动能力鉴定

职工发生工伤，经治疗伤情相对稳定后存在残疾、影响劳动能力的，应当进行劳动能力鉴定。劳动能力鉴定是指劳动功能障碍程度和生活自理障碍程度的等级鉴定。劳动功能障碍分为10个伤残等级，最重的为一级，最轻的为十级。生活自理障碍分为3个等级：生活完全不能自理、生活大部分不能自理和生活部分不能自理。劳动能力鉴定标准由国务院人力资源社会保障行政部门会同国务院卫生健康行政部门等部门制定。

劳动能力鉴定由用人单位、工伤职工或者其近亲属向设区的市级劳动能力鉴定委员会提出申请，并提供工伤认定决定和职工工伤医疗的有关资料。

省、自治区、直辖市劳动能力鉴定委员会和设区的市级劳动能力鉴定委员会分别由省、自治区、直辖市和设区的市级人力资源社会保障行政部门、卫生健康行政部门、工会组织、经办机构代表以及用人单位代表组成。

设区的市级劳动能力鉴定委员会收到劳动能力鉴定申请后，应当从其建立的医疗卫生专家库中随机抽取3名或者5名相关专家组成专家组，由专家组提出鉴定意见。设区的市级劳动能力鉴定委员会根据专家组的鉴定意见作出工伤职工劳动能力鉴定结论；必要时，可以委托具备资格的医疗机构协助进行有关的诊断。

设区的市级劳动能力鉴定委员会应当自收到劳动能力鉴定申请之日起60日内作出劳动能力鉴定结论，必要时，作出劳动能力鉴定结论的期限可以延长30日。劳动能力鉴定结论应当及时送达申请鉴定的单位和个人。

申请鉴定的单位或者个人对设区的市级劳动能力鉴定委员会作出的鉴定结论不服的，可以在收到该鉴定结论之日起15日内向省、自治区、直辖市劳动能力鉴定委员会提出再次鉴定申请。省、自治区、直辖市劳动能力鉴定委员会作出的劳动能力鉴定结论为最终结论。

劳动能力鉴定工作应当客观、公正。劳动能力鉴定委员会组成人员或者参加鉴定的专家与当事人有利害关系的，应当回避。

自劳动能力鉴定结论作出之日起1年后，工伤职工或者其近亲属、所在单位或者经办机构认为伤残情况发生变化的，可以申请劳动能力复查鉴定。

五、工伤保险待遇

1. 职工因工作遭受事故伤害或者患职业病进行治疗，享受工伤医疗待遇

《工伤保险条例》第三十条规定，职工因工作遭受事故伤害或者患职业病进行治疗，享受工伤医疗待遇。

职工治疗工伤应当在签订服务协议的医疗机构就医，情况紧急时可以先到就近的医疗机构急救。

治疗工伤所需费用符合工伤保险诊疗项目目录、工伤保险药品目录、工伤保险住院服务标准的，从工伤保险基金支付。工伤保险诊疗项目目录、工伤保险药品目录、工伤保险住院服务标准，由国务院人力资源社会保障行政部门会同国务院卫生健康行政部门、药品监督管理部门等部门规定。

职工住院治疗工伤的伙食补助费，以及经医疗机构出具证明，报经办机构同意，工伤职工到统筹地区以外就医所需的交通、食宿费用从工伤保险基金支付，基金支付的具体标准由统筹地区人民政府规定。

工伤职工治疗非工伤引发的疾病，不享受工伤医疗待遇，按照基本医疗保险办法处理。

工伤职工到签订服务协议的医疗机构进行工伤康复的费用，符合规定的，从工伤保险基金支付。

人力资源社会保障行政部门作出认定为工伤的决定后发生行政复议、行政诉讼的，行政复议和行政诉讼期间不停止支付工伤职工治疗工伤的医疗费用。

工伤职工因日常生活或者就业需要，经劳动能力鉴定委员会确认，可以安装假肢、矫形器、假眼、假牙和配置轮椅等辅助器具，所需费用按照国家规定的标准从工伤保险基金支付。

2. 工伤职工在停工留薪期享受的待遇

《工伤保险条例》第三十三条规定，职工因工作遭受事故伤害或者患职业病需要暂停工作接受工伤医疗的，在停工留薪期内，原工资福利待遇不变，由所在单位按月支付。停工留薪期一般不超过 12 个月。伤情严重或者情况特殊，经设区的市级劳动能力鉴定委员会确认，可以适当延长，但延长不得超过 12 个月。工伤职工评定伤残等级后，停发原待遇，按照下文的有关规定享受伤残待遇。工伤职工在停工留薪期满后仍需治疗的，继续享受工伤医疗待遇。

生活不能自理的工伤职工在停工留薪期需要护理的，由所在单位负责。

3. 生活护理费标准

《工伤保险条例》第三十四条规定，工伤职工已经评定伤残等级并经劳动能力鉴定委员会确认需要生活护理的，从工伤保险基金按月支付生活护理费。生活护理费按照生活完全不能自理、生活大部分不能自理或者生活部分不能自理 3 个不同等级支付，其标准分别为统筹地区上年度职工月平均工资的 50%、40% 或者 30%。

4. 职工因工致残被鉴定为一级至四级伤残

《工伤保险条例》第三十五条规定，职工因工致残被鉴定为一级至四级伤残的，保留劳动关系，退出工作岗位，享受以下待遇。

（1）从工伤保险基金按伤残等级支付一次性伤残补助金，标准为：一级伤残为 27 个月的本人工资，二级伤残为 25 个月的本人工资，三级伤残为 23 个月的本人工资，四级伤残为 21 个月的本人工资。

（2）从工伤保险基金按月支付伤残津贴，标准为：一级伤残为本人工资的 90%，二级伤残为本人工资的 85%，三级伤残为本人工资的 80%，四级伤残为本人工资的 75%。伤残津贴实际金额低于当地最低工资标准的，由工伤保险基金补足差额。

（3）工伤职工达到退休年龄并办理退休手续后，停发伤残津贴，按照国家有关规定享受基本养老保险待遇。基本养老保险待遇低于伤残津贴的，由工伤保险基金补足差额。

职工因工致残被鉴定为一级至四级伤残的，由用人单位和职工个人以伤残津贴为基数，缴纳基本医疗保险费。

5. 职工因工致残被鉴定为五级、六级伤残

《工伤保险条例》第三十六条规定，职工因工致残被鉴定为五级、六级伤残的，享受以下待遇。

（1）从工伤保险基金按伤残等级支付一次性伤残补助金，标准为：五级伤残为 18 个月的本人工资，六级伤残为 16 个月的本人工资。

（2）保留与用人单位的劳动关系，由用人单位安排适当工作。难以安排工作的，由用人单位按月发给伤残津贴，标准为：五级伤残为本人工资的 70%，六级伤残为本人工资的 60%，并由用人单位按照规定为其缴纳应缴纳的各项社会保险费。伤残津贴实际金额低于当地最低工资标准的，由用人单位补足差额。

经工伤职工本人提出，该职工可以与用人单位解除或者终止劳动关系，由工伤保险基金支付一次性工伤医疗补助金，由用人单位支付一次性伤残就业补助金。一次性工伤医疗补助金和一次性伤残就业补助金的具体标准由省、自治区、直辖市人民政府规定。

6. 职工因工致残被鉴定为七级至十级伤残

根据《工伤保险条例》第三十七条的有关规定，职工因工致残被鉴定为七级至十级伤残的，享受以下待遇。

（1）从工伤保险基金按伤残等级支付一次性伤残补助金，标准为：七级伤残为 13 个月的本人工资，八级伤残为 11 个月的本人工资，九级伤残为 9 个月的本人工资，十级伤残为 7 个月的本人工资。

（2）劳动、聘用合同期满终止，或者职工本人提出解除劳动、聘用合同的，由工伤保险基金支付一次性工伤医疗补助金，由用人单位支付一次性伤残就业补助金。一次性工伤医疗补助金和一次性伤残就业补助金的具体标准由省、自治区、直辖市人民政府规定。

7. 工伤职工工伤复发

《工伤保险条例》第三十八条规定，工伤职工工伤复发，确认需要治疗的，享受《条例》第三十条、第三十二条和第三十三条规定的工伤待遇。

8. 职工因工死亡

《工伤保险条例》第三十九条规定，职工因工死亡，其近亲属按照下列规定从工伤保险基金领取丧葬补助金、供养亲属抚恤金和一次性工亡补助金：

（1）丧葬补助金为 6 个月的统筹地区上年度职工月平均工资。

（2）供养亲属抚恤金按照职工本人工资的一定比例发给由因工死亡职工生前提供主要生活来源、无劳动能力的亲属。标准为：配偶每月 40%，其他亲属每人每月 30%，孤寡老人或者孤儿每人每月在上述标准的基础上增加 10%。核定的各供养亲属的抚恤金之和不应高于因工死亡职工生前的工资。供养亲属的具体范围由国务院社会保险行政部门规定。

（3）一次性工亡补助金标准为上一年度全国城镇居民人均可支配收入的 20 倍。

伤残职工在停工留薪期内因工伤导致死亡的，其近亲属享受上述规定的待遇。

一级至四级伤残职工在停工留薪期满后死亡的，其近亲属可以享受上述第（1）项、第（2）项规定的待遇。

9. 职工因工外出期间发生事故或者在抢险救灾中下落不明

《工伤保险条例》第四十一条规定，职工因工外出期间发生事故或者在抢险救灾中下落不明的,从事故发生当月起 3 个月内照发工资,从第 4 个月起停发工资,由工伤保险基金向其供养亲属按月支付供养亲属抚恤金。生活有困难的,可以预支一次性工亡补助金的 50%。职工被人民法院宣告死亡的,按照《条例》第三十九条职工因工死亡的规定处理。

10. 工伤职工停止享受工伤保险待遇

《工伤保险条例》第四十二条规定,工伤职工有下列情形之一的,停止享受工伤保险待遇:

(1) 丧失享受待遇条件的;

(2) 拒不接受劳动能力鉴定的;

(3) 拒绝治疗的。

11. 用人单位出现分立、合并、转让情况

《工伤保险条例》第四十三条规定,用人单位分立、合并、转让的,承继单位应当承担原用人单位的工伤保险责任;原用人单位已经参加工伤保险的,承继单位应当到当地经办机构办理工伤保险变更登记。用人单位实行承包经营的,工伤保险责任由职工劳动关系所在单位承担。

职工被借调期间受到工伤事故伤害的,由原用人单位承担工伤保险责任,但原用人单位与借调单位可以约定补偿办法。企业破产的,在破产清算时依法拨付应当由单位支付的工伤保险待遇费用。

12. 职工被派遣出境工作

《工伤保险条例》第四十四条规定,职工被派遣出境工作,依据前往国家或者地区的法律应当参加当地工伤保险的,参加当地工伤保险,其国内工伤保险关系中止;不能参加当地工伤保险的,其国内工伤保险关系不中止。

13. 职工再次发生工伤

《工伤保险条例》第四十五条规定,职工再次发生工伤,根据规定应当享受伤残津贴的,按照新认定的伤残等级享受伤残津贴待遇。

第四节　职业病诊断与职业病病人保障

一、职业病定义及分类

1. 职业病定义

职业病是指企业、事业单位和个体经济组织等用人单位的劳动者在职业活动中，因接触粉尘、放射性物质和其他有毒、有害因素而引起的疾病。

要构成《职业病防治法》中所规定的职业病，必须具备四个条件：第一，患病主体是企业、事业单位或个体经济组织的劳动者；第二，必须是在从事职业活动的过程中产生的；第三，必须是因接触粉尘、放射性物质和其他有毒、有害物质等职业病危害因素引起的；第四，必须是国家公布的《职业病分类和目录》所列的职业病。这四个条件缺一不可。

2. 职业病分类

根据 2013 年 12 月 23 日印发的《职业病分类和目录》，我国现有职业病包括职业性尘肺病及其他呼吸系统疾病、职业性皮肤病、职业性眼病、职业性耳鼻喉口腔疾病、职业性化学中毒、物理因素所致职业病、职业性放射性疾病、职业性传染病、职业性肿瘤、其他职业病共 10 类、132 种。

二、职业病防治工作方针和机制

1. 职业病防治工作方针

《职业病防治法》第三条规定，职业病防治工作坚持预防为主、防治结合的方针。这是根据职业病可以预防但是治疗困难这个特点提出来的，是一个对劳动者健康负责的、积极的、主动的方针，是职业卫生工作长期经验的总结所证实应当采取的正确方针。预防可以减少职业病的发生，减轻职业病的危害程度，但是对已经引起的疾病仍要重视治疗，全力救治病人，减少痛苦，所以预防为主、防治结合是一个全面的方针，概括了职业病防治的基本要求。

2. 职业病防治的机制

《职业病防治法》第三条规定，建立用人单位负责、行政机关监管、行业自律、职工参与和社会监督的机制，实行分类管理、综合治理。职业病防治工作，必须发挥政府、用人单位、职工、职业卫生技术服务机构、社会组织等各方面的力量，由全社会加以监督，贯彻"预防为主，防治结合"的方针。

三、职业病诊断

1. 医疗机构

职业病诊断应当由取得医疗机构执业许可证的医疗卫生机构承担。承担职业病诊断的医疗卫生机构不得拒绝劳动者进行职业病诊断的要求。劳动者可以在用人单位所在地、本人户籍所在地或者经常居住地依法承担职业病诊断的医疗卫生机构进行职业病诊断。

2. 诊断

《职业病防治法》第四十六条规定，职业病诊断，应当综合分析病人的职业史、职业病危害接触史和工作场所职业病危害因素情况、临床表现以及辅助检查结果等。没有证据否定职业病危害因素与病人临床表现之间的必然联系的，应当诊断为职业病。

职业病诊断证明书应当由参与诊断的取得职业病诊断资格的执业医师签署，并经承担职业病诊断的医疗卫生机构审核盖章。

3. 诊断资料提供

《职业病防治法》第四十七条规定，用人单位应当如实提供职业病诊断、鉴定所需的劳动者职业史和职业病危害接触史、工作场所职业病危害因素检测结果等资料；卫生健康行政部门应当监督检查和督促用人单位提供上述资料；劳动者和有关机构也应当提供与职业病诊断、鉴定有关的资料。

职业病诊断、鉴定机构需要了解工作场所职业病危害因素情况时，可以对工作场所进行现场调查，也可以向卫生健康行政部门提出，卫生健康行政部门应当在10日内组织现场调查。用人单位不得拒绝、阻挠。

第四十八条规定，职业病诊断、鉴定过程中，用人单位不提供工作场所职业病危害因素检测结果等资料的，诊断、鉴定机构应当结合劳动者的临床表现、辅助检查结果和劳动者的职业史、职业病危害接触史，并参考劳动者的自述、卫生健康行政部门提供的日常监督检查信息等，作出职业病诊断、鉴定结论。

劳动者对用人单位提供的工作场所职业病危害因素检测结果等资料有异议，或者因劳动者的用人单位解散、破产，无用人单位提供上述资料的，诊断、鉴定机构应当提请卫生健康行政部门进行调查，卫生健康行政部门应当自接到申请之日起 30 日内对存在异议的资料或者工作场所职业病危害因素情况作出判定；有关部门应当配合。

4. 对职业病诊断争议处理

《职业病防治法》第四十九条规定，职业病诊断、鉴定过程中，在确认劳动者职业史、职业病危害接触史时，当事人对劳动关系、工种、工作岗位或者在岗时间有争议的，可以向当地的劳动人事争议仲裁委员会申请仲裁；接到申请的劳动人事争议仲裁委员会应当受理，并在 30 日内作出裁决。

当事人在仲裁过程中对自己提出的主张，有责任提供证据。劳动者无法提供由用人单位掌握管理的与仲裁主张有关的证据的，仲裁庭应当要求用人单位在指定期限内提供；用人单位在指定期限内不提供的，应当承担不利后果。

劳动者对仲裁裁决不服的，可以依法向人民法院提起诉讼。

用人单位对仲裁裁决不服的，可以在职业病诊断、鉴定程序结束之日起 15 日内依法向人民法院提起诉讼；诉讼期间，劳动者的治疗费用按照职业病待遇规定的途径支付。

四、职业病病人保障

1. 职业病情况告知

《职业病防治法》第五十五条规定，医疗卫生机构发现疑似职业病病人时，应当告知劳动者本人并及时通知用人单位。用人单位应当及时安排对疑似职业病病人进行诊断；在疑似职业病病人诊断或者医学观察期间，不得解除或者终止与其订立的劳动合同。疑似职业病病人在诊断、医学观察期间的费用，由用人单位承担。

2. 职业病病人待遇

《职业病防治法》第五十六条至第六十条规定：

（1）用人单位应当保障职业病病人依法享受国家规定的职业病待遇。用人单位应当按照国家有关规定，安排职业病病人进行治疗、康复和定期检查。用人单位对不适宜继续从事原工作的职业病病人，应当调离原岗位，并妥善安置。用人单位对从事接触职业病危害的作业的劳动者，应当给予适当岗位津贴。

（2）职业病病人的诊疗、康复费用，伤残以及丧失劳动能力的职业病病人的社会保障，按照国家有关工伤保险的规定执行。

（3）职业病病人除依法享有工伤保险外，依照有关民事法律，尚有获得赔偿的权利的，有权向用人单位提出赔偿要求。

（4）劳动者被诊断患有职业病，但用人单位没有依法参加工伤保险的，其医疗和生活保障由该用人单位承担。

（5）职业病病人变动工作单位，其依法享有的待遇不变。用人单位在发生分立、合并、解散、破产等情形时，应当对从事接触职业病危害的作业的劳动者进行健康检查，并按照国家有关规定妥善安置职业病病人。

3. 职业病病人救助

《职业病防治法》第六十一条规定，用人单位已经不存在或者无法确认劳动关系的职业病病人，可以向地方人民政府医疗保障、民政部门申请医疗救助和生活等方面的救助。地方各级人民政府应当根据本地区的实际情况，采取其他措施，使职业病病人获得医疗救治。

本 章 小 结

1.《劳动法》《安全生产法》《职业病防治法》等法律法规中规定了职工在职业安全与卫生方面有获得劳动安全、卫生保护的权利，知情权和建议权，批评、检举、控告的权利，拒绝违章指挥、强令冒险作业的权利，紧急情况处置权，享有工伤保险和获得救治、赔偿的权利，接受教育培训的权利，获得职业病防治服务的权利和提请劳动争议处理的权利。法律在赋予职工权利的同时，也明确了相应的义务。职工应遵守规章制度和操作规程，掌握安全、卫生知识和技能，对事故隐患和职业病危害及时报告，正确佩戴和使用劳动防护用品和服从管理。

2. 工伤保险遵循无过失责任原则，严格区别工伤和非工伤原则，预防、补偿和康复相结合的原则，职工个人不缴费原则和强制实施的原则。只有满足《工伤保险条例》规定的情形才能认定为工伤。职工因工作遭受事故伤害或者患职业病进行治疗，享受工伤医疗待遇。

3. 职业病防治工作坚持预防为主、防治结合的方针。要构成法定职业病，必须具备四个条件，缺一不可。我国现行的《职业病分类和目录》包括10大类、132种职业病。

复习思考题

1. 职工享有的职业安全与卫生权利有哪些？
2. 职工的职业安全与卫生义务有哪些？
3. 工伤保险应遵循哪些原则？
4. 职工什么情况下可以被认定为工伤？
5. 工伤职工在停工留薪期享受哪些待遇？
6. 什么是职业病？要构成法定职业病，必须具备哪几个条件？

第三章 安全技术基础知识

本章学习目标
1. 掌握各类事故的预防措施。
2. 掌握燃烧条件、灭火器的使用方法和消防应知应会知识。
3. 掌握危险货物包装标志和危险化学品安全周知卡。
4. 掌握危险作业的安全技术措施。
5. 掌握安全色和安全标志的含义及用途。
6. 了解触电事故的种类与方式。
7. 了解机械事故造成的伤害种类和原因。
8. 了解爆炸的种类和防火、防爆的基本措施。
9. 了解化学品的定义与分类。

第一节 电气安全

生产经营过程中,需要使用大量电气设备。如果电气设备选用、配置不好或维护不当,或因各种外在因素(如外力撞击、振动、高温、高湿等),造成接触不良、接线松脱、绝缘老化破损而形成漏电、短路等,就会引发电气事故,甚至发生人员触电伤亡或电气火灾事故。因此,新工人必须了解和掌握一般的生产过程中的电气安全知识。

一、触电事故的种类与方式

(一)触电事故的种类

按照对人体的伤害方式不同,触电事故可分为电击和电伤。

1. 电击

电击是最危险的触电事故,大多数触电死亡事故都是电击造成的。当人直接接触了正常运行的带电体，电流通过人体，使肌肉发生麻木、抽动，如不能立刻脱离电源，将使人体神经中枢受到伤害，引起呼吸困难、心脏停搏，以致死亡。

2. 电伤

电伤是电流的热效应、化学效应或机械效应对人体造成的局部伤害。电伤多见于人体外部表面，且在人体表面留下伤痕。其中电弧烧伤最为常见，也最为严重，可致人伤残或死亡。此外，电伤还包括电烙印、烫伤、皮肤金属化等。

（二）触电方式

触电方式分为直接接触触电、间接接触触电和跨步电压触电。

1. 直接接触触电

直接接触触电是指人体直接接触或接近正常运行的带电体造成的触电。直接接触触电又分为单相触电、两相触电和其他触电。其中单相触电最为常见，两相触电危险程度更高一些。

2. 间接接触触电

间接接触触电是指由于设备故障使正常情况下不带电的电气设备金属外壳带电而造成的触电，如接触电压触电。接触电压触电是比较常见的触电方式，当设备发生碰壳漏电时，设备金属外壳产生对地电压，这时人站在设备附近，手或人体其他部位接触到设备外壳，就会造成触电。

3. 跨步电压触电

当电气设备发生接地短路故障或电力线路断落接地时，电流经大地流走，这时接地中心附近的地面存在不同的电位，人体接触到不同电位的两点时会发生触电事故，称为跨步电压触电。这类事故常发生在接地点周围特别潮湿的地方或水中。

（三）人体触电的征兆

小电流通过人体，会引起麻痹感、针刺感、压迫感、打击感、痉挛、疼痛、呼吸困难、血压异常、昏迷、心律不齐、窒息、心室颤动等症状。数安培以上的电流通过人体，还可导致严重的烧伤。

(四) 触电事故的发生规律

1. 错误操作和违章作业造成的触电事故多

统计资料表明，有85%以上的事故是由于错误操作和违章作业造成的。其中，触电事故主要是由于缺乏安全用电知识或不遵守安全操作规程，违章作业所致。

2. 季节性特点

触电事故的统计资料表明，每年二季度、三季度触电事故较多，主要原因是夏秋季节天气多雨、潮湿，降低了电气设备的绝缘性能；同时，天气热，人体多汗衣单，降低了人体电阻。

3. 低电压触电事故多

低压电网、电气设备分布广，人们接触使用500 V以下电气设备的机会较多，再加上人们的思想麻痹，缺乏电气安全知识，导致事故较多。

4. 单相触电事故多

触电事故中，单相触电占70%以上。这类事故往往是非持证电工或一般人员私拉乱接，不采取安全措施而造成的。

5. 触电者中青年人多

安全与技术是紧密相关的。年长的工人工龄长、工作经验丰富、技术能力强、对安全工作重视，出事故的可能性就小。

6. 事故多发生在电气设备的连接部位

连接部位紧固件松动、绝缘老化，或因环境变化和经常活动，容易出现隐患，导致触电事故发生。

7. 行业特点

冶金行业的高温和粉尘，机械行业的场地金属制品多见，化工行业的材料具有腐蚀性和潮湿的环境，建筑行业的露天分散作业，安装行业的高空移动式用电设备等，这些用电环境条件恶劣的行业，都很容易发生触电事故。

二、触电事故的预防

(一) 防止接触带电部件

防止人体与带电部件直接接触，可以有效防止电击。绝缘、屏护和安全间距是最为常见的安全措施。

1. 绝缘

绝缘即用不导电的绝缘材料把带电体封闭起来,这是防止直接接触触电的基本保护措施。但要注意绝缘材料的绝缘性能应与设备的电压、载流量、周围环境和运行条件相符合。

2. 屏护

屏护即采用遮栏、栅栏、护罩、护盖、箱闸等把带电体与外界隔离开来,常用于电气设备不便于绝缘或绝缘不足以保证安全的场合,是防止人体接触带电体的重要措施。

3. 安全间距

安全间距是指为防止人体触及或接近带电体,或为防止车辆等物体碰撞或过分接近带电体,在带电体与带电体、带电体与地面、带电体与其他设备和设施之间,保持的一定安全距离。安全间距的大小与电压高低、设备类型、安装方式等因素有关。

(二) 防止电气设备漏电伤人

保护接地和保护接零是防止间接触电的基本技术措施。

1. 保护接地

保护接地是将正常运行的电气设备不带电的金属部分和大地紧密连接起来。其原理是通过接地把漏电设备的对地电压限制在安全范围内,防止触电事故的发生。保护接地适用于中性点不接地的电网;电压高于 1 kV 的高压电网中的电气装置外壳,也应采取保护接地。

2. 保护接零

保护接零是在 380/220 V 三相四线制供电系统中,把用电设备在正常情况下不带电的金属外壳与电网中的零线连接起来。其原理是在设备漏电时,电流经过设备的外壳和零线形成单相短路,短路电流烧断熔丝或使低压断路器跳闸,从而切断电源,消除触电危险。保护接零适用于电网中性点接地的低压系统。

(三) 采用安全电压

根据生产和作业场所的特点,采用相应等级的安全电压,是防止发生触电伤亡事故的根本性措施。《标准电压》（GB/T 156—2017）规定我国安全电压额定值为 48 V、24 V、12 V 和 6 V，应根据作业场所、操作条件、使用方式、供电方式、线路状况等因素选用。安全电压有一定的局限性，适用于小型电气设备如手持电动工具等。

（四）漏电保护装置

漏电保护装置又称触电保护器，在低压电网中发生电气设备及线路漏电或触电时，它可以立即发出报警信号并迅速自动切断电源，从而保护人身安全。漏电保护装置按动作原理可分为电压型、零序电流型、泄漏电流型和中性点型四类，其中电压型和零序电流型应用较为广泛。

（五）合理使用防护用品

在电气作业中，合理选择和使用绝缘防护用品，对防止触电事故、保障操作人员在生产过程中的安全健康具有重要意义。绝缘防护用品可分为两类：一类是基本安全防护用品，如绝缘棒、绝缘钳、高压验电笔等；另一类是辅助安全防护用品，如绝缘手套、绝缘（靴）鞋、橡皮垫、绝缘台等。

（六）安全用电组织措施

防止触电事故，技术措施固然十分重要，但组织措施也必不可少，安全用电组织措施包括制定安全用电计划和规章制度，进行安全用电检查、教育和培训，组织事故分析，建立安全资料档案等。

三、手持电动工具安全使用常识

手持电动工具在使用中需要经常移动，且振动较大，比较容易发生触电事故。而且这类设备往往是在工作人员紧握之下运行的，因此，手持电动工具比固定设备具有更大的危险性。

（一）手持电动工具的分类

手持电动工具按触电保护可分为Ⅰ类电动工具、Ⅱ类电动工具和Ⅲ类电动工具。

1. Ⅰ类电动工具

Ⅰ类电动工具即普通型电动工具，其额定电压超过 50 V。这类电动工具在防止触电的保护方面不仅依靠其本身的绝缘性，而且必须将不带电的金属外壳与电源线路中的保护零线可靠连接，这样才能保证工具基本绝缘损坏时不成为导电体。因此，这类电动工具的外壳一般都是全金属的。

2. Ⅱ类电动工具

Ⅱ类电动工具即绝缘结构全部为双重绝缘结构的电动工具，其额定电压超过 50 V。这类电动工具在防止触电的保护方面不仅依靠基本绝缘，而且还提供双重绝缘或加强绝缘的附加安全预防措施。这类电动工具外壳有金属和非金属两种，但手持部分均为非金属，非金属处有"回"形符号标志。

3. Ⅲ类电动工具

Ⅲ类电动工具即特低电压的电动工具，其额定电压不超过 50 V。这类电动工具由安全特低电压供电，因此工具内部不会产生比安全特低电压高的电压。这类电动工具的外壳均为塑料。

Ⅱ类、Ⅲ类电动工具都能保证使用时电气安全的可靠性，不必接地或接零。

（二）手持电动工具的安全使用要求

（1）一般场所可选用Ⅰ类手持电动工具，并应装设额定漏电动作电流不大于 15 mA、额定漏电动作时间小于 0.1 s 的漏电保护器；在露天、潮湿场所或金属构架上操作时，必须选用Ⅱ类手持电动工具，并装设漏电保护器，严禁使用Ⅰ类手持电动工具。

（2）电源线必须采用耐用型橡皮护套铜芯软电缆。单相用三芯（其中一芯为保护零线）电缆；三相用四芯（其中一芯为保护零线）电缆；电缆不得有破损或老化现象，中间不得有接头。

（3）手持电动工具应配备装有专用的电源开关和漏电保护器的开关箱，严禁一台开关接两台以上设备，电源开关应采用双刀控制。

（4）手持电动工具开关箱内应当采用插座连接，其插头、插座应无损坏、无裂纹，且绝缘良好。

（5）使用手持电动工具前，必须检查外壳、手柄、电源线、插头等是否完好无损，接线是否正确（防止相线与零线错接）；发现工具外壳、手柄破裂，应立即停止使用并进行更换。

（6）非专职人员不得擅自拆卸和修理电动工具。

（7）作业人员使用手持电动工具时，应穿绝缘鞋，戴绝缘手套，操作时握紧手柄，不得利用电缆提拉工具。

（8）长期搁置不用或受潮的电动工具在使用前应由电工测量绝缘电阻值是否符合要求。

四、安全用电"十不准"

（1）无证电工不准安装电气设备；
（2）严禁私拉乱接电线；
（3）不准使用绝缘损坏的电气设备；
（4）任何人不准摆弄电气设备和开关；
（5）不准使用电热设备和灯泡取暖；
（6）任何人不准启动挂有警告牌和拔掉熔断芯的电气设备；
（7）不准用水冲洗电气设备；
（8）严禁带电修理或移动电气设备；
（9）有人触电时，应立即切断电源，在未脱离电源时不准接触触电者；
（10）雷雨天气时不准接近避雷器和避雷针。

第二节　机械设备安全

机械设备种类繁多，按行业来分，有冶金机械、化工机械、纺织机械、建筑机械等；按大小来分，有重型机械、中型机械、小型机械等；按加工的材料来分，有金属加工机械、非金属加工机械等。因此，机械设备安全的要求也就各有不同。新工人入厂之后，将逐步接触一些机械设备，其中有本工种使用的专用机械，也有一般的通用机械。因此，对新工人应首先讲授机械安全技术基础知识,为其进一步学习本工种所使用的机械设备的安全知识打下基础。

一、机械事故造成的伤害种类

1. 机械设备的零部件做旋转运动时造成的伤害

机械设备是由许多零部件构成的,其中有的零部件是固定不动的,有的零部件则需要运动,而旋转运动则是最常见的运动形式。机械设备中的齿轮、带轮、滑轮、卡盘、轴、光杠、丝杠、联轴器等零部件都是做旋转运动的。旋转运动造成的伤害主要是绞伤和物体打击伤。

2. 机械设备的零部件做直线运动时造成的伤害

锻锤、冲床、剪板机的施压部件,牛头刨床的床头、龙门刨床的床面,以及桥式起重机大车机构、小车机构和升降机构等,都是做直线运动的。做直线运动的零部件造成的伤害主要有压伤、砸伤、挤伤。

3. 刀具造成的伤害

车床上的车刀、铣床上的铣刀、钻床上的钻头、磨床上的磨轮、锯床上的锯条等,都是加工零件用的刀具。刀具在加工零件时造成的伤害主要有烫伤、刺伤、割伤。

4. 被加工的零件造成的伤害

机械设备在对零件进行加工的过程中,被加工零件也有可能对人身造成伤害。这类伤害事故主要有:

(1) 被加工零件固定不牢而被甩出伤人。例如,车床卡盘夹不牢,在旋转时就会将工件甩出伤人。

(2) 被加工的零件在吊运和装卸过程中可能造成砸伤,特别是笨重的大零件更需要加倍注意。因为当它们吊不牢、放不稳时,就会坠下或者倾倒,将人的手、脚、胳膊、腿部砸伤,甚至将整个人砸倒、压倒而造成重伤、死亡。

5. 电气系统造成的伤害

工厂里使用的机械设备,其动力来源绝大多数是电能,因此这些机械设备都有自己的电气系统,主要包括电动机、配电箱、开关、按钮、局部照明灯以及接零（地）和馈电线等。电气系统对人的伤害主要是电击。

6. 手持工具造成的伤害

在操作机械设备时，经常需要使用手持工具，如锤子、錾子、锉刀、手锯等。使用这些手持工具时应注意以下事项：

（1）锤子的锤头不得有卷边或毛刺，否则当用锤子敲打时，卷边或毛刺就可能会飞出伤人，特别是飞入眼睛内可能造成失明。锤子的手柄一定要安装牢固，否则锤头可能飞出伤人。

（2）錾子的头部也不能有卷边或毛刺，否则卷边或毛刺会飞出伤人。錾子的刃部必须保持锋利，使用时前方不准站人，以免铲出的铁渣、铁屑飞出伤人。

（3）锉刀必须安装木柄使用，而且木柄必须装牢。使用没有木柄的锉刀会刺伤使用者的手心或手腕。锉工件时禁止用嘴吹锉屑，以防锉屑进入眼睛。

（4）手锯的锯条不得过紧或过松。锯割时不得用力过大，往返用力要均匀，以防锯条折断伤人。锯割结束时，应用手扶持住被锯下的部分，以免被锯下的部分掉落砸伤人。

7. 其他伤害

机械设备除了能造成上述伤害外，还可能造成其他伤害。例如，有的机械设备在使用时伴随着强光、高温，还有的放出化学能、辐射能以及尘毒危害物质等，这些都可能对人体造成伤害。

二、机械事故的原因

产生机械事故的原因可分为直接原因和间接原因。

（一）直接原因

1. 机械的不安全状态

（1）防护、保险、信号等装置缺乏或有缺陷，包括以下情况：

①无防护。无防护罩，无安全保险装置，无报警装置，无安全标志，无护栏或护栏损坏，无限位装置，电气设备未接地、绝缘不良等。

②防护不当。防护罩未在适当位置,防护装置调整不当,安全间距不够,电气装置带电部分裸露等。

(2) 设备、设施、工具、附件有缺陷,包括以下情况:

①设计不当,结构不符合安全要求。制动装置有缺陷,安全间距不够,工件上有锋利毛刺、毛边,设备上有锋利倒棱等。

②强度不够。机械强度不够,绝缘强度不够,起吊重物的绳索不符合安全要求等。

③设备在非正常状态下运行。设备带"病"运转、超负荷运转等。

④维修、调整不良。设备失修、保养不当、未加注润滑油等。

(3) 个人劳动防护用品、用具(防护服、手套、护目镜及面罩、呼吸器官护具、安全带、安全帽、安全鞋等)缺少或有缺陷,包括以下情况:

①无个人劳动防护用品、用具。

②所用劳动防护用品、用具不符合安全要求。

(4) 生产场地环境不良,包括以下情况:

①照明光线不良。包括照度不足,作业场所烟雾烟尘弥漫、视物不清,光线过强、有眩光等。

②通风不良。无通风或通风系统效率低等。

③作业场所狭窄。

④作业场地杂乱,工具、制品、材料堆放不安全。

⑤操作工序设计或配置不安全,交叉作业过多。

⑥交通线路的配置不安全。

⑦地面滑。地面有油或其他液体、冰雪、易滑物(如圆柱形管子、料头、滚珠等)。

⑧物品储存不安全,堆放过高、不稳。

2. 操作人员的不安全行为

操作人员的不安全行为可能是有意的,也可能是无意的,主要包括以下情况:

(1) 操作错误,忽视安全警告。包括:未经许可开动、关停、移动机器;开动、关停机器时未给信号;开关未锁紧,造成意外转动；忘记关闭设备；忽视警告标志、警告信号，操作错误（如按错按钮、阀门、扳手、手柄的操作方向弄错）；供料或送料速度过快，机械超速运转；冲压机作业时手伸进冲模；违章驾驶机动车；工件、刀具装夹不牢；用压缩气体吹铁屑等。

（2）安全装置失效。包括：拆除了安全装置；安全装置失去作用；调整不当造成安全装置失效等。

（3）使用不安全设备。包括：临时使用不牢固的设施（如工作梯等）；使用无安全装置的设备；拉临时线不符合安全要求等。

（4）用手代替工具操作。包括：用手代替手动工具；用手清理切屑；不用夹具固定，用手拿工件进行机械加工等。

（5）物品（原材料、成品、半成品、工具、切屑和生产用品等）存放不当。

（6）攀、坐不安全位置（如平台护栏、起重机吊钩等）。

（7）机械运转时加油、修理、检查、调整、焊接或清扫。

（8）在必须使用个人劳动防护用品、用具的作业或场合中，没有使用或使用不当，如未佩戴个人劳动防护用品等。

（9）穿着不安全装束。包括：在有旋转零部件的设备旁作业时穿着过于肥大、宽松的服装；操纵带有旋转零部件的设备时戴手套；穿高跟鞋、凉鞋或拖鞋进入车间等。

（10）无意或为排除故障而接近危险部位。如在无防护罩的两个相对运动零部件之间清理卡住的物体时，可能造成挤伤、夹断、切断、压碎等伤害，甚至将人的肢体全部卷入而造成严重的伤害。发生此类事故，除了机械结构设计不合理外，违章作业也是重要原因。

（二）间接原因

几乎所有事故的间接原因都与人的错误有关。这些间接原因可能不是与事故直接有关的操作人员的错误，而是在设备设计制造、安装调试、维护保养等过程中的人为的错误。间接原因主要包括以下三方面。

1. 技术和设计上的缺陷

主要是在工业构件、建筑物（如室内照明、通风）、机械设备、仪器仪表、工艺过程、操作方法、维修检验等的设计和材料使用等方面存在的问题。

（1）设计错误。预防事故应从设计开始，大部分不安全状态是由于设计不当造成的。设计人员由于技术知识水平所限、经验不足，可能没有采取必要的安全措施而犯了考虑不周或疏忽大意的错误。设计人员在设计时，应采取能避免操作人员出现不安全行为的技术措施，并应消除机械的不安全状态。设计人员的实践经验越丰富，其设计水平和质量就越高，就越能在设计阶段提出消除、控制或隔离危险的方案。

设计错误包括强度计算不准、材料选用不当、设备外观不安全、结构设计不合理、操纵机构设计不当、未设计安全装置等。即使设计人员选用的操纵器是正确的，如果在控制板上配置的位置不当，也可能使操作人员混淆而发生误操作，或增加了操作人员的反应时间而忙中出错。设计人员还应注意作业环境的颜色设计和人机工程的运用，不适当的作业环境和劳动姿势都可能引起操作人员疲劳或思想紧张，导致其更容易出错。

（2）制造错误。即使设计是正确的，如果制造设备时出现错误，也会成为事故隐患。在生产和组装关键性部件时，应特别注意防止出现错误。常见的制造错误有加工方法不当（如用铆接代替焊接）、加工精度不够、装配不当、装错或漏装零件、零件未固定或固定不牢等。工件上的刻痕、压痕、工具造成的伤痕以及加工粗糙等，可能造成应力集中而使设备在运行时出现故障。

（3）安装错误。安装时旋转零件同轴度误差大，轴与轴承、齿轮啮合调整不好造成过紧或过松，设备平面度误差大，地脚螺栓未拧紧，设备内遗留工具、零件、棉纱等，都可能使设备发生故障。

（4）维修错误。没有定时对运动部件加润滑油，在发现零部件出现恶化现象时没有按维修要求更换零部件，都属于维修错误。当设备大修重新组装时，可能会发生与新设备最初组装时类似的错误。安全装置是维修人员检修的重点之一，安全装置失效而未及时修理、设备超负荷运行而未制止、设备带"病"运转等，都属于维修错误。

2. 操作人员自身缺陷

操作人员受教育培训不够、未经培训上岗、业务素质低、缺乏安全知识和自我保护能力、不懂安全操作技术、操作技能不熟练、作业时注意力不集中、工作态度不端正、受外界影响而情绪波动、不遵守操作规程等，都是事故的间接原因。

3. 管理缺陷

管理缺陷一般包括以下六个方面：

（1）劳动制度不合理；

（2）规章制度执行不严，有章不循；

（3）对现场工作缺乏检查或指导错误；

（4）无安全操作规程或安全操作规程不完善；

（5）缺乏监督；

（6）对安全工作不重视。

三、机械设备的安全要求

1. 机械设备的基本安全要求

（1）机械设备的布局要合理，应便于操作人员装卸工件、加工观察和清除杂物，同时也应便于维修人员的检查和维修。

（2）机械设备零部件的强度、刚度应符合安全要求，安装应牢固。

（3）机械设备根据有关安全要求，必须装设合理、可靠，不影响操作的安全装置。常见的安全装置包括以下四种。

①对于做旋转运动的零部件，应装设防护罩或防护挡板、防护栏杆等安全防护装置，以防发生人体被绞伤。

②对于在超压、超载、超温度、超时间、超行程等情况下可能发生危险事故的零部件，应装设保险装置，如超负荷限制器、行程限制器、安全阀、温度继电器、时间继电器等，以确保当危险情况发生时，可以依靠保险装置而排除险情，防止事故的发生。

③机械设备在进行某些动作前常常需要对人们进行警告或提醒注意，因此应安设信号装置，如电铃、扬声器、蜂鸣器等声音信号

装置和各种灯光信号装置,以及各种警告标志牌等。

④对于某些动作顺序不能颠倒的零部件,应装设联锁装置。即某一动作必须在前一个动作完成之后才能进行,否则就不能动作,这样就保证了不会因动作顺序错误而发生事故。

(4) 每台机械设备应根据其性能、操作顺序等制定出安全操作规程和检查、维护等制度,以便操作人员遵守。

2. 机械设备电气装置的电气安全要求

(1) 供电的导线必须正确安装,不得有任何破损或露铜的地方。

(2) 电动机绝缘应良好,其接线板应有盖板防护,以防直接接触。

(3) 开关、按钮等应完好无损,其带电部分不得裸露在外。

(4) 应有良好的接地或接零装置,连接的导线要牢固,不得有断开的地方。

(5) 局部照明灯应使用 36 V 电压,禁止使用 110 V 或 220 V 电压。

3. 机械设备的操纵手柄以及脚踏开关等安全要求

(1) 重要的手柄应有可靠的定位及锁紧装置,同轴手柄应有明显的长短差别。

(2) 手轮在机动时应能与转轴脱开,以防随轴转动打伤人员。

(3) 脚踏开关应有防护罩或藏入床身的凹入部分内,以免掉下的零部件落到开关上,启动机械设备而伤人。

4. 机械设备作业现场的要求

机械设备的作业现场要有良好的环境,即照度要适宜,湿度与温度要适中,噪声和振动要小,零件、工夹具等要摆放整齐。这样能使操作人员心情舒畅,专心无误地工作。

四、机械事故的预防

要保证机械设备不发生安全事故,不仅机械设备本身要符合安全要求,更重要的是要求操作人员严格遵守安全操作规程。机械设备的安全操作规程因其种类不同而内容各异,但其基本安全守则是相同的，包括以下几点。

（1）必须正确穿戴个人劳动防护用品。例如，机械加工时要求女工戴护帽，如果不戴就可能将头发绞进去；同时要求不得戴手套，如果戴了，机械的旋转部分就可能将手套绞进去，导致手部绞伤。

（2）操作前要对机械设备进行安全检查，而且要空车运转一段时间，确认正常后方可投入运行。

（3）机械设备在运行中也要按规定进行安全检查，特别是检查紧固的物件是否由于振动而松动，必要时应重新紧固。

（4）机械设备严禁带故障运行，不能凑合使用，以防发生事故。

（5）机械设备的安全装置必须按要求正确调整和使用，不准将其拆掉不用。

（6）机械设备使用的刀具、工夹具以及加工的零件等要装卡牢固，不得松动。

（7）机械设备在运转时，严禁用手调整；也不得用手测量零件，或进行润滑、清扫杂物等。如必须进行时，应首先关停机械设备。

（8）机械设备运转时，操作人员不得离开工作岗位，以防发生问题时无人处理。

（9）工作结束后，应切断机械设备的电源，把刀具和工件从工作位置退出，并清理好工作场地，将零件、工夹具等摆放整齐，打扫好机械设备的卫生。

第三节　起重机械安全

起重机械在厂矿企业的应用比较广泛，对于实现生产过程的机械化、提高生产效率、降低工人劳动强度等起着重要作用。由于起重机械种类繁多、应用广泛、结构复杂，作业中伤亡事故也较多，因此需要了解起重机械的安全技术基础知识，以防止起重机械伤害事故发生。

一、起重机械的分类

按运动方式,起重机械可分为以下四种基本类型。

1. 轻小型起重机械

如千斤顶、手拉葫芦、滑车、绞车、电动葫芦、单轨起重机械等,多为单一的升降运动机构。

2. 桥架类型起重机械

分为梁式、通用桥式、门式和冶金桥式、装卸桥式及缆索式起重机械等,是具有两个或两个以上运动机构的起重机械,通过各种控制器或按钮操纵各机构的运动,一般有起升、大车和小车运行机构,可将重物在三维空间内搬运。

3. 臂架类型起重机械

有固定旋转式、门座式、塔式、汽车式、轮胎式、履带式及铁路起重机械、浮游式起重机械等种类。一般来说,这类起重机械的工作机构除起升机构和运行机构外(固定臂架式无运行机构),还有变幅机构、旋转机构等。

4. 升降类型起重机械

如载人电梯或载货电梯、货物提升机等,其特点是虽只有一个升降机构,但安全装置与其他附属装置较为完善,因此可靠性强。此类起重机械有人工控制和自动控制两种。

二、起重伤害事故的主要类型

1. 坠落事故

人、吊具、吊载的重物从空中坠落所造成的人身伤亡或设备损坏事故。

2. 触电事故

从事起重作业或其他作业的人员,因违章操作或其他原因遭受的电气伤害事故。

3. 挤伤事故

作业人员被挤压在两个物体之间造成的挤伤、压伤、击伤等人员伤亡事故。

4. 机毁事故

起重机机体因为失去整体稳定性而发生倾覆翻倒,造成起重机机体严重损坏以及人员伤亡的事故。

5. 其他事故

包括人员因误操作,起重机械之间的相互碰撞,起重机械安全装置失效,野蛮操作,偶发事件等引起的事故。

三、起重伤害事故的主要原因

1. 挤压碰撞

挤压碰撞是指作业人员被运行中的起重机械挤压或碰撞,是起重机械作业中常见的伤亡事故,其危险性大,后果严重,导致人员死亡的概率较大。

起重机械作业中挤压碰撞主要有四种情况。

(1)吊物(具)在起重机械运行过程中摇摆,挤压碰撞到人。发生此种情况的原因:一是由于司机操作不当,运行中机构速度变化过快,使吊物(具)产生较大惯性;二是由于指挥有误,吊运路线不合理,致使吊物(具)在剧烈摆动中挤压碰撞到人。

(2)吊物(具)摆放不稳发生倾倒而碰砸到人。发生此种情况的原因:一是由于吊物(具)放置方式不当,重大吊物(具)放置不稳或没有采取必要的安全防护措施;二是由于吊运作业现场管理不善,致使吊物(具)突然倾倒而碰砸到人。

(3)在指挥或检修流动式起重机时被挤压碰撞。发生此种情况的原因:一是由于指挥作业人员站位不当(如站在回转臂架与机体之间);二是由于检修作业中没有采取必要的安全防护措施,致使司机在贸然启动起重机回转机构时挤压碰撞到人。

(4)在巡检或维修桥式起重机时被挤压碰撞。发生此种情况的原因:一是由于巡检人员或作业人员与司机缺乏相互联系;二是由于检修作业中没有采取必要的安全防护措施(如将起重机固定在大车运行区间的锚定装置),致使在司机贸然启动起重机时挤压碰撞到人。

2. 触电

触电是指在起重机械作业中，作业人员触及带电体而发生的事故。大部分起重机械作业都处在有电的环境中，触电也是起重机械作业常见的人员伤亡事故。

起重机械作业中，作业人员触电主要有四种情况。

（1）司机碰触滑触线。发生此种情况的原因：一是由于司机室位置设置不合理（一般不应设置在滑触线同侧）；二是由于起重机在靠近滑触线端侧没有设置防护板（网），致使司机触电。

（2）起重机械在露天作业时触及高压输电线。发生此种情况的原因：一是由于起重机械在高压输电线下（旁侧）作业，没有采取必要的安全防护措施（如加装屏护隔离）；二是由于指挥不当，操作有误，导致起重机械带电，致使作业人员触电。

（3）电气设施漏电。发生此种情况的原因：一是由于起重机械电气设施维修不及时，发生漏电；二是由于司机室没有设置安全防护绝缘垫板，致使司机因设施漏电而触电。

（4）起升钢丝绳碰触滑触线。发生此种情况的原因：一是由于吊运方法不当（如歪拉斜吊）；二是由于起重机械靠近滑触线端侧没有设置滑触线防护板，导致起升钢丝绳碰触滑触线而带电，致使作业人员触电。

3. 高处坠落

高处坠落是指起重机械作业人员从起重机械上坠落。高处坠落主要发生在起重机械安装、维修作业时。

起重机械作业中，作业人员发生高处坠落主要有三种情况。

（1）检修吊笼坠落。发生此种情况的原因：一是由于检修吊笼结构设计不合理（如防护杆高度不够，材料选用不符合规定要求，设计强度不够等）；二是由于检修作业人员操作不当；三是由于检修作业人员没有采取必要的安全防护措施，如未系安全带，致使作业人员与检修吊笼一起坠落。

（2）跨越起重机时坠落。发生此种情况的原因：一是由于检修作业人员没有采取必要的安全防护措施，如未系安全带、未挂安全绳、未架安全网等；二是由于作业人员麻痹大意、违章作业，致使发生高处坠落。

（3）安装或拆卸可升降塔式起重机的塔身（节）作业中，塔身（节）连同作业人员一起坠落。发生此种情况的原因：一是由于塔身（节）结构设计不合理（拆装固定结构存在隐患）；二是由于拆装方法不当，作业人员与指挥人员配合有误，致使塔身（节）连同作业人员一起坠落。

4. 吊物（具）坠落砸人

吊物（具）坠落砸人是指吊物或吊具从高处坠落砸向作业人员或其他人员。这是起重机械作业中最常见的伤亡事故，也是各类起重机械作业中具有共性的伤亡事故，其危险性极大，后果非常严重，导致人员死亡的概率较大。

吊物（具）坠落砸人主要有四种情况。

（1）捆绑吊挂方法不当。发生此种情况的原因：一是由于捆绑钢丝绳间夹角过大，又无平衡梁，钢丝绳被拉断；二是由于在吊运带棱角的吊物时未加防护板，捆绑钢丝绳被割断，致使吊物坠落砸人。

（2）吊具有缺陷。发生此种情况的原因：一是由于起升机构钢丝绳折断；二是由于吊钩有缺陷，如吊钩变形、吊钩材质不符合要求而折断、吊钩组件松脱等，致使吊物（具）坠落砸人。

（3）超负荷。发生此种情况的原因：一是由于作业人员对吊物的重量不清楚，如吊物部分被埋在地下或冻结在地面上，地脚螺栓未松开等，盲目起吊，因超负荷而拉断吊索具，致使吊具坠落（甩动）砸人；二是由于歪拉斜吊导致超负荷而拉断吊具，致使吊物（具）坠落砸人。

（4）过（超）卷扬。发生此种情况的原因：一是由于没有安装上升极限位置限制器或限制器失灵，导致吊钩继续上升直至卷（拉）断起升钢丝绳；二是由于起升机构的主接触器失灵，如主触头发生机械故障或电磁铁的铁芯剩磁过大使主触头释放动作迟缓，导致起升机构无法停止工作，直至卷（拉）断起升钢丝绳，致使吊物（具）坠落砸人。

5. 机体倾翻

机体倾翻是指起重机械在作业中整台机体倾翻。这种情况通常发生在从事露天作业的流动式起重机和塔式起重机中。

发生机体倾翻主要有三种情况。

（1）风荷作用。发生此种情况的原因：一是由于露天作业的起重机夹轨器失效；二是由于露天作业的起重机没有防风锚定装置或防风锚定装置不可靠，当大（台）风刮来时，致使起重机被刮倒。

（2）地面不平。发生此种情况的原因：一是由于吊运作业现场地面不平；二是由于操作方法不当，指挥作业失误，致使机体倾翻。

（3）操作不当。发生此种情况的原因：一是由于吊运作业现场环境不符合要求（如地面基础松软，有斜坡、坑、沟等）；二是由于支腿架设不符合要求（如支腿垫板尺寸过小、高度过大或有损伤等）；三是由于操作不当或超负荷，致使机体倾翻。

四、起重伤害事故的预防

为预防起重伤害事故，必须做到以下各项工作：

（1）起重作业人员须经有资格的培训单位培训并考试合格，取得资格证后，持证上岗。

（2）起重机械必须设有安全装置，如超载限制器、力矩限制器、极限位置限制器、过卷扬限制器、电气防护性接零装置、端部止挡、缓冲器、联锁装置、夹轨器和锚定装置、信号装置等。

（3）严格检验和修理起重机械机件，如钢丝绳、链条、吊钩、吊环和滚筒等，需要报废的应立即更换。

（4）建立健全维护保养、定期检验、交接班等制度，细化安全操作规程。

（5）起重机运行时，禁止任何人上下；严禁在运行中检修起重机，上下起重机要走专用梯子。

（6）起重机的悬臂能够伸到的区域内不得站人，带电磁吸盘的起重机的工作范围内不得有人。

（7）吊运物品时，不得从有人的区域上空经过；吊物上不准站人；不能对吊挂着的物品进行加工。

（8）起吊的物品不能在空中长时间停留，特殊情况下应采取安全保护措施。

（9）起重机司机接班时，应对制动器、吊钩、钢丝绳和安全装置进行检查，发现异常的，应在操作前将故障排除。

（10）开车前必须先打铃或报警。操作中接近人时，也应给予持续铃声或报警。

（11）按指挥信号操作。对紧急停车信号，不论任何人发出，都应立即执行。

（12）确认起重机上无人时，才能接通主电源进行操作。

（13）工作中突然断电时，应将所有控制器手柄扳回零位；重新工作前，应检查起重机状态是否正常。

（14）在轨道上露天作业的起重机，当工作结束时，应将起重机锚定；当风力大于6级时，应停止工作，并将起重机锚定；对于门座起重机等在沿海工作的起重机，当风力大于7级时，应停止工作，并将起重机锚定。

（15）当对起重机进行维护保养时，应切断主电源，并挂上标志牌或加锁。如有未消除的故障，应通知接班的司机。

五、起重吊装作业中的"十不吊"原则

（1）超载或被吊物重量不清不吊。

（2）指挥信号不明确不吊。

（3）捆绑、吊挂不牢或不平衡，可能引起滑动时不吊。

（4）被吊物上有人或浮置物时不吊。

（5）结构或零部件有影响安全的缺陷或损伤时不吊。

（6）遇有拉力不清的埋置物件时不吊。

（7）工作场地昏暗，无法看清场地、被吊物和指挥信号时不吊。

（8）被吊物棱角处与捆绑钢绳间未加衬垫时不吊。

(9) 歪拉斜吊重物时不吊。
(10) 容器内装的物品过满时不吊。

第四节　防火防爆安全

企业防火防爆是一项十分重要的安全工作，因为一旦发生火灾、爆炸事故，将会给企业带来严重损失，甚至造成人员伤亡、设备损坏、建筑物破坏，还可能造成停产，而且需要较长时间才能恢复。因此，不仅要求各级领导和从事具有火灾、爆炸危险工作的职工做好防火防爆工作，而且要求每一位职工都重视这项工作。

一、燃烧和爆炸的概念

（一）燃烧的定义

燃烧是可燃物与氧化剂作用发生的放热反应，通常伴有火焰、发光和（或）发烟的现象。放热、发光、生成新物质是燃烧的三个主要特征。

（二）燃烧必须具备的条件

1. 可燃物

一般来说，凡是能在空气、氧气或其他氧化剂中发生燃烧反应的物质都称为可燃物，反之则是不燃物。可燃物既可以是单质（如碳、硫、磷、氢、钠等），也可以是化合物或混合物（如乙醇、甲烷、木材、煤炭、棉花、纸、汽油等）。没有可燃物，燃烧是不可能进行的。

2. 点火源

点火源是指具有一定能量，能够引起可燃物燃烧的能源。点火源有时也称着火源。点火源的种类很多，主要有以下几种：

（1）明火。一是生产用火，如用于气焊的乙炔火焰、电焊火花，加热炉、锅炉中油、煤的燃烧火焰等；二是非生产用火，如烟头火、油灯火、炉灶火等。

（2）电火花。主要是电气设备运行中产生的火花，如短路火花、静电放电火花等。

（3）冲击与摩擦火花。如砂轮、铁器摩擦产生的火花等。

（4）聚集的日光。

3. 氧化剂

能和可燃物发生反应并引起燃烧的物质，称为氧化剂（旧称助燃物）。如空气（氧气）、氯酸钾、过氧化物等，都是氧化剂。可燃物的燃烧，必须有源源不断的氧化剂，否则就不可能维持燃烧。

以上三个条件，是物质进行燃烧必须具备、缺一不可的。而且它们之间还有一定的量的比例关系，例如可燃性气体在空气中的量不足时，燃烧就不一定发生。此外，它们之间还要相互结合、作用，否则就不可能发生燃烧。

（三）爆炸的定义

所谓爆炸，是指大量能量（物理能量或化学能量）在瞬间迅速释放或急剧转化成机械能、光能、热能等能量形态的现象。但爆炸的本质，则是"压力的急剧上升"。这种压力的上升，有的是由物理因素引起的，有的则是由化学反应或物理、化学综合反应引起的。

（四）爆炸的种类

根据上述爆炸的本质和现象，可将爆炸分为物理性爆炸和化学性爆炸两大类。在工厂里，物理性爆炸一般有高压气体的爆炸和锅炉的爆炸等；而化学性爆炸则包括可燃性气体、蒸气与空气混合物的爆炸，气体发生分解的爆炸，粉尘的爆炸，混合危险物品引起的爆炸，爆炸性化合物的爆炸等。

1. 可燃性气体、蒸气与空气混合物的爆炸

企业发生的爆炸事故，较为普遍的是可燃性气体、蒸气与空气混合后遇到火源而产生的爆炸。可燃性气体，主要有氢气、乙炔、天然气、煤气、液化石油气等；可燃性蒸气，主要有汽油、苯、酒精、乙醚等可燃性液体产生的蒸气。这些气体和蒸气与空气混合达到一定浓度时，在点火源的作用下会发生爆炸。这种可燃物质在空

气中形成爆炸混合物的最低浓度叫作爆炸下限，最高浓度叫作爆炸上限。浓度在爆炸上限和爆炸下限之间，都能发生爆炸，这个浓度范围叫作该物质的爆炸极限。如甲烷的爆炸极限是 5.0%～15.0%（体积分数），当空气中甲烷浓度达到爆炸极限时，遇到火源就会发生爆炸。

2. 气体发生分解爆炸

某些气体如乙炔、乙烯、环氧乙烷等，即使在没有氧气的条件下，也能发生爆炸，其实质是一种分解爆炸。分解爆炸性气体在温度和压力的作用下发生分解反应时，可产生相当数量的分解热，这为爆炸提供了能量。除上述气体外，分解爆炸性气体还有臭氧、联氨、丙二烯、甲基乙炔等。

3. 粉尘爆炸

在企业的生产过程中，有些工艺会产生可燃性固体粉尘或者可燃性液体的雾状飞沫，例如镁、铝、木材、面粉、煤等粉尘。当它们分散在空气中或助燃性气体中，如果达到某种浓度，遇到火源就会发生粉尘（或气溶胶）爆炸。

粉尘混合物也有爆炸极限，当粉尘混合物达到爆炸下限时，所含粉尘已经相当多了。至于爆炸上限，在大多数场合都难以达到，所以没有实际意义。因此，粉尘的爆炸极限，一般指爆炸下限，通常以 g/m^3 表示。

4. 爆炸性化合物的爆炸

爆炸性化合物主要是指各种炸药，如雷酸盐（雷汞）、三硝基甲苯（TNT）、硝化甘油、三硝基苯酚（苦味酸）等。爆炸性化合物一定要按照专门的规定运输、使用、保管，否则极易发生爆炸。

5. 锅炉爆炸

锅炉是企业用来产生高温高压水蒸气的动力设备，其功能是把内部的水加热到 100 ℃ 以上，使水成为高温高压水蒸气。锅炉是高压容器，存在着破裂的危险。锅炉工作时内部压力会升高，若锅炉本身存在腐蚀、疲劳裂纹、烧损或者过热等现象，就会引起锅炉爆炸。锅炉爆炸时，高温高压下的水突然降到正常的大气压，就会迅速蒸发为水蒸气，导致其体积急剧膨胀，具有很大的爆炸威力。这种爆炸类似于炸药或者混合性气体发生的爆炸，具有很大的破坏力，可以破坏设备、厂房或造成人员伤亡。

二、防火防爆的基本措施

（一）防火防爆的技术措施

1. 防止燃爆介质的形成

可以用通风的方法来降低燃爆物质的浓度，使其达不到爆炸极限；也可以用不燃或难燃物质来代替易燃物质。例如用水质清洗剂来代替汽油清洗零件，这样既可以防止火灾、爆炸，还可以防止汽油中毒。另外，也可采用限制可燃物的使用量和存放量的措施，使其达不到燃烧、爆炸的危险限度。

2. 防止产生点火源

应严格控制冲击摩擦、明火、高温表面、自燃发热、绝热压缩、电火花、静电火花、光热射线等点火源。

3. 安装阻火、防爆安全装置

为防止火灾、爆炸的发生，阻止其扩展和减少破坏，已研制出许多防火防爆和防止火灾、爆炸扩展的安全装置，并在实际生产中广泛使用，取得了良好的安全效果，如阻火器、阻火闸门、防爆片、安全阀等。

（二）防火防爆的组织管理措施

（1）加强对防火防爆工作的管理，各级领导干部都要重视防火防爆工作。

（2）开展经常性防火防爆安全教育和安全大检查，提高人们的警惕性，及时发现和整改不安全隐患。

（3）建立健全防火防爆制度，例如防火制度、防爆制度、防火防爆责任制度等。

（4）厂区内、厂房内的一切出入口和通往消防设施的通道，不得占用和堵塞。

（5）各单位应建立义务消防组织，并配备针对性强和数量充足的消防器材。

(6) 加强值班值宿，严格进行巡回检查。

(三) 生产工人应遵守的防火防爆守则

(1) 应具有一定的防火防爆知识，并严格贯彻执行防火防爆规章制度。禁止违章作业。

(2) 应在指定的安全区域吸烟，严禁在工作现场和厂区内吸烟和乱扔烟头。

(3) 使用、运输、储存易燃易爆气体、液体和粉尘时，一定要严格遵守安全操作规程。

(4) 在工作现场禁止随便动用明火。确需动火时，必须报请主管部门批准，并做好安全防范工作。

(5) 对于使用的电气设施，如发现绝缘破损、严重老化、超负荷以及其他不符合防火防爆要求的情况时，应停止使用，并报告领导及时解决；不得带故障运行，防止发生火灾、爆炸事故。

(6) 应学会使用常用的灭火工具和器材。对于车间内配备的防火防爆工具和器材等，应加以爱护，不得随便挪用。

三、火灾扑救

(一) 灭火的基本原理和方法

一切灭火方法都是为了破坏已经产生的燃烧条件，只要失去其中任何一个条件，燃烧就会停止。但由于在灭火时燃烧已经开始，控制点火源已经没有意义，因此，主要是消除其他两个条件，即可燃物和氧化剂。

1. 窒息灭火法

窒息灭火法即阻止空气流入燃烧区，或用惰性气体稀释空气，使燃烧物因得不到足够的氧气而熄灭。

2. 冷却灭火法

冷却灭火法是常用的灭火方法。即将灭火剂直接喷洒在燃烧的物体上，将燃烧物的温度降到燃点以下以终止燃烧；也可将灭火剂喷洒在火场附近未燃的可燃物上起冷却作用，防止其受辐射热影响升温而起火。

3. 隔离灭火法

隔离灭火法也是常用的灭火方法之一。即将燃烧物与附近未燃的可燃物隔离或疏散开，使燃烧因缺少可燃物而停止。这种灭火方法适用于扑救各种固体、液体和气体火灾。

隔离灭火法常用的具体措施有：

（1）将可燃、易燃、易爆物和氧化剂从燃烧区移至安全地点。

（2）关闭阀门，阻止可燃气体、液体流入燃烧区。

（3）用泡沫覆盖已着火的可燃液体表面，把燃烧区与可燃液体表面隔开，阻止可燃蒸气进入燃烧区。

（4）拆除与燃烧物相连的易燃建筑物。

（5）在着火林区周围挖隔离沟。

（6）用水流、泥浆或用爆炸等方法封闭井口，扑灭油气井喷火灾。

窒息、冷却、隔离灭火法，在灭火过程中，灭火剂不能参与燃烧反应，属于物理灭火方法。

4. 化学抑制灭火法

化学抑制灭火法是使灭火剂参与到燃烧反应中，起到抑制反应的作用。具体说就是使燃烧反应中产生的自由基与灭火剂中的卤素离子相结合，形成稳定分子或低活性的自由基，从而切断氢自由基与氧自由基的链式反应链，使燃烧停止。

根据上述四种基本灭火方法所采取的具体灭火措施是多种多样的。在灭火时，应根据可燃物的性质、燃烧特点、火灾大小、火场的具体条件以及消防技术装备的性能等实际情况，选择一种或几种灭火方法。一般来说，几种灭火方法综合运用效果最好。

（二）常用灭火器的类型和使用方法

1. 火灾的分类

根据《火灾分类》（GB/T 4968—2008），按照可燃物的类型和燃烧特性将火灾分为以下六种类别。

（1）A类火灾：固体物质火灾。这种物质通常具有有机物性质，一般在燃烧时能产生灼热的余烬，如木材、棉、毛、麻、纸张等物质燃烧的火灾。

（2）B类火灾：液体或可熔化的固体物质火灾。如汽油、煤油、柴油、甲醇、乙醚、丙酮等物质燃烧的火灾。

（3）C类火灾：气体火灾。如煤气、天然气、甲烷、丙烷、乙炔、氢气等物质燃烧的火灾。

（4）D类火灾：金属火灾。如钾、钠、镁、钛、锆、锂、铝镁合金等物质燃烧的火灾。

（5）E类火灾：带电火灾。指物体带电燃烧的火灾。

（6）F类火灾：烹饪器具内的烹饪物（如动植物油脂）火灾。

2. 灭火器的使用方法

正确使用灭火器，是保证及时迅速扑灭初起火灾的关键。灭火器的种类很多，主要有清水灭火器、二氧化碳灭火器和干粉灭火器等。下面介绍几种最常用的灭火器的适用范围及使用方法。

（1）清水灭火器。主要用于扑救固体物质火灾，如木材、棉麻、纺织品等的初起火灾。清水灭火器的使用方法为：将清水灭火器提至火场，在距燃烧物大约 10 m 处，将灭火器直立放稳。摘下保险帽，用手掌拍击开启杆顶端的凸头，使清水从喷嘴喷出。当清水从喷嘴喷出时，立即用一只手提起灭火器筒盖上的提圈，另一只手托起灭火器的底圈，将喷射的水流对准燃烧最猛烈处。随着灭火器喷射距离的缩短，操作者应逐渐向燃烧物靠近，使水流始终喷射在燃烧处，直至将火扑灭。清水灭火器在使用过程中应始终与地面保持大致垂直状态，不能颠倒或横卧，否则会影响水流的喷出。

（2）二氧化碳灭火器。主要用于扑救贵重设备、仪器仪表、档案资料、600 V 电压以下的电气设备及油类等初起火灾。用于扑救棉、麻、化纤织物时，要注意防止复燃。二氧化碳灭火器的使用方法为：手提灭火器提把，或把灭火器放在距离起火点 5 m 处，拔下保险销，一只手握住喇叭形喷筒根部手柄（不要用手直接握喷筒金属管，以防冻伤），把喷筒对准火焰；另一只手压下压把，将二氧化碳喷射出来。当扑救流动液体火灾时，应使二氧化碳射流由近而远向火焰喷射，如果燃烧面积较大，操作者可左右摆动喷筒，直至把火扑灭。灭火过程中，灭火器应保持直立状态。应注意在使用二氧化碳灭火器时,要避免逆风使用,以免影响灭火效果。

(3)干粉灭火器。干粉灭火器分为碳酸氢钠灭火器(BC 干粉灭火器)和磷酸铵盐灭火器(ABC 干粉灭火器)。BC 干粉灭火器适用于扑救油类、石油产品、有机溶剂、可燃气体和电气设备的初起火灾。ABC 干粉灭火器除可用于上述火灾外,还可扑救固体物质的初起火灾。干粉灭火器的优点是灭火效率高、绝缘性能好、长期保存不易变质,但这两类干粉灭火器都不能扑救金属火灾。干粉灭火器的使用方法为:手提灭火器压把,在距离起火点 3~5 m 处将灭火器放下(在室外使用时注意占据上风方向),先将灭火器上下颠倒几次,使筒内干粉松动,拔下保险销,一只手握住喷嘴,使其对准火焰根部;另一只手用力按下压把,干粉便会从喷嘴喷射出来。注意应左右喷射,不能上下喷射。灭火过程中应保持灭火器处于直立状态,不能横卧或颠倒使用。

四、消防应知应会知识

1. 消防安全"四懂"

(1)懂得本岗位火灾的危险性;

(2)懂得预防火灾的措施;

(3)懂得扑救火灾的方法;

(4)懂得逃生的方法。

2. 消防安全"四会"

(1)会使用消防器材;

(2)会报火警;

(3)会扑救初起火灾;

(4)会组织疏散逃生。

3. 消防安全"五个第一"

(1)第一时间发现火情;

(2)第一时间报火警;

(3)第一时间扑救初起火灾;

(4)第一时间启动消防设备;

(5)第一时间组织人员疏散。

4. 消防安全"四个能力"

（1）检查消除火灾隐患能力。即查用火用电，禁违章操作；查通道出口，禁堵塞封闭；查设施器材，禁损坏挪用；查重点部位，禁失控漏管。

（2）扑救初起火灾能力。即发现火灾后，起火部位附近的员工 1 min 内形成第一灭火力量；火灾确认后，单位 3 min 内形成第二灭火力量。

（3）组织疏散逃生能力。即熟悉疏散通道，熟悉安全出口，掌握疏散程序，掌握逃生技能。

（4）消防宣传教育能力。即有消防宣传人员，有消防宣传标识，有全员培训机制，掌握消防安全常识。

5. 掌握"三近"原则

（1）距起火点近的员工负责利用灭火器和室内消火栓灭火；

（2）距电话或火灾报警点近的员工负责报警；

（3）距安全通道或出口近的员工负责引导人员疏散。

6. 火场逃生"十要诀"

（1）第一要诀：熟悉环境，牢记出口。

（2）第二要诀：保持镇静，迅速疏散。

（3）第三要诀：正确引导，有序疏散。

（4）第四要诀：不入险地，不恋财物。

（5）第五要诀：简易防护，蒙鼻匍匐。

（6）第六要诀：善用通道，莫入电梯。

（7）第七要诀：火已及身，切勿惊恐。

（8）第八要诀：避难场所，固守待援。

（9）第九要诀：发出信号，请求救援。

（10）第十要诀：缓降逃生，滑绳自救。

7. 做到"六掌握"

（1）掌握消防法律、法规和安全操作规程；

（2）掌握本单位、本岗位火灾特性和防火措施；

（3）掌握消防设施器材使用方法；

（4）掌握报警、灭火及疏散逃生技能；

（5）掌握安全疏散路线及引导疏散的程序方法；

（6）掌握灭火应急疏散预案内容及操作程序。

8. 火灾报警注意事项

发现火灾，立刻拨打"119"，电话接通以后，要清晰说明失火地点、着火物质、火势大小、有没有人员被困、有没有发生爆炸或毒气泄漏以及着火的范围等。在说不清楚具体地址时，要说出地理位置、周围明显建筑物或道路标志。将自己的姓名、手机号码告诉对方，以便联系。注意听清接警中心提出的问题，以便正确回答。打完电话后，立即派人到交叉路口等候消防车，引导消防车迅速赶到火灾现场。如果火情发生了新的变化，要立即告知消防救援队，以便他们及时调整力量部署。

第五节　危险化学品安全

一、化学品的定义与分类

（一）相关定义

1. 危险化学品

《危险化学品安全管理条例》将危险化学品定义为：具有毒害、腐蚀、爆炸、燃烧、助燃等性质，对人体、设施、环境具有危害的剧毒化学品和其他化学品。

2. 危险物品

《安全生产法》将危险物品定义为：易燃易爆物品、危险化学品、放射性物品等能够危及人身安全和财产安全的物品。

3. 剧毒化学品

具有剧烈急性毒性危害的化学品，包括人工合成的化学品及其混合物和天然毒素，还包括具有急性毒性易造成公共安全危害的化学品。

（二）化学品分类

《化学品分类和危险性公示　通则》（GB 13690—2009）将化学品按理化危险、健康危险和环境危险共分为 3 大类。

1. 理化危险

理化危险主要包括以下 16 项：

（1）爆炸物；

（2）易燃气体；

（3）易燃气溶胶；

（4）氧化性气体；

（5）压力下气体；

（6）易燃液体；

（7）易燃固体；

（8）自反应物质或混合物；

（9）自燃液体；

（10）自燃固体；

（11）自热物质和混合物；

（12）遇水放出易燃气体的物质或混合物；

（13）氧化性液体；

（14）氧化性固体；

（15）有机过氧化物；

（16）金属腐蚀剂。

2. 健康危险

健康危险主要包括以下 10 项：

（1）急性毒性；

（2）皮肤腐蚀/刺激；

（3）严重眼损伤/眼刺激；

（4）呼吸或皮肤过敏；

（5）生殖细胞致突变性；

（6）致癌性；

（7）生殖毒性；

（8）特异性靶器官系统毒性（一次接触）；

（9）特异性靶器官系统毒性（反复接触）；

（10）吸入危险。

3. 环境危险

环境危险主要包括危害水生环境物质。

(三) 危险化学品的主要危害

1. 危险化学品的火灾、爆炸危害

火灾、爆炸事故有很大的破坏力,化工、石油化工企业生产中使用的原料、中间产品及最终产品多为易燃易爆物,一旦发生火灾、爆炸事故,会造成严重后果。

2. 危险化学品的健康危害

一些危险化学品具有毒性、刺激性、腐蚀性、致癌性、致畸性、窒息性等特性,这些危险化学品可通过一种或多种途径进入人体,当其在人体内达到一定量时,便会引起损伤,破坏正常的生理功能,引起中毒。

3. 危险化学品的污染危害

在危险化学品的生产、使用、储存、销售和运输直至作为废弃物进行处理的过程中,若操作失误或处理不当,则这些有毒有害危险化学品不仅会损害人类健康,而且还会对生态环境造成污染。

二、危险货物分类与标志

(一) 相关定义

危险货物是指具有爆炸、易燃、毒害、感染、腐蚀、放射性等危险特性,在运输、储存、生产、经营、使用和处置中,容易造成人身伤亡、财产损毁或环境污染而需要特别防护的物质和物品。

(二) 危险货物分类

《危险货物分类和品名编号》(GB 6944—2012)中规定了危险货物分类、危险货物危险性的先后顺序和危险货物编号,适用于危险货物运输、储存、经销及相关活动。该标准中按危险货物具有的危险性或最主要的危险性分为9个类别,其中第1类、第2类、第4类、第5类和第6类再分成项别。

第1类:爆炸品

第1.1项:有整体爆炸危险的物质和物品;

第1.2项：有迸射危险，但无整体爆炸危险的物质和物品；

第1.3项：有燃烧危险并有局部爆炸危险或局部迸射危险或这两种危险都有，但无整体爆炸危险的物质和物品；

第1.4项：不呈现重大危险的物质和物品；

第1.5项：有整体爆炸危险的非常不敏感物质；

第1.6项：无整体爆炸危险的极端不敏感物品。

第2类：气体

第2.1项：易燃气体；

第2.2项：非易燃无毒气体；

第2.3项：毒性气体。

第3类：易燃液体

第4类：易燃固体、易于自燃的物质、遇水放出易燃气体的物质

第4.1项：易燃固体、自反应物质和固态退敏爆炸品；

第4.2项：易于自燃的物质；

第4.3项：遇水放出易燃气体的物质。

第5类：氧化性物质和有机过氧化物

第5.1项：氧化性物质；

第5.2项：有机过氧化物。

第6类：毒性物质和感染性物质

第6.1项：毒性物质；

第6.2项：感染性物质。

第7类：放射性物质

第8类：腐蚀性物质

第9类：杂项危险物质和物品，包括危害环境物质

常见的危险货物包装标志如图3-1所示。

三、危险化学品安全周知卡

危险化学品安全周知卡用文字、图形符号和数字及字母的组合形式表示该危险化学品所具有的危险性、安全使用的注意事项、现场急救措施和防护的基本要求。危险化学品安全周知卡的

图 3-1　危险货物包装标志

格式如图 3-2 所示。

四、正确使用危险化学品

(一) 常用危险化学品安全常识

1. 氨（NH_3）

【应知应会】

◇ 氨为无色、有强烈刺激性气味的气体。

◇ 大量吸入氨气可出现呼吸道刺激症状，氨水可致皮肤灼伤。

◇ 吸入者应移至空气新鲜处，皮肤灼伤者应使用大量水冲洗患处。

◇ 操作时须穿戴防毒面具及相应防护服。

◇ 发现氨泄漏应迅速撤离至上风处。

【顺口溜】

◇ 无色气体很刺鼻，接触氨气难呼吸。

◇ 易溶于水成氨水，吸入头晕又乏力。

◇ 声音嘶哑胸口闷，吸入浓氨可窒息。

◇ 误服氨水口腔痛，重者食道胃穿孔。

危险化学品安全周知卡

危险性提示词	品名、英文名及分子式、CC码及CAS号	危险性标志
易　燃！ 有　毒！ 刺　激！	硫化氢 hydrogen sulfide H_2S CAS：7783-06-4	 

危险性理化数据	危险特性
外观与性状：无色、有恶臭的气体 熔点（℃）：-85.5 沸点（℃）：-60.5 相对蒸气密度（空气=1）：1.19 燃点（℃）：260 爆炸极限：4%~46%	易燃，能与空气混合形成爆炸性混合物，遇明火、高热能引起燃烧爆炸；能与浓硝酸、发烟硝酸或其他强氧化剂剧烈反应，发生爆炸；气体比空气重，能在较低处扩散到相当远的地方，遇火源会着火回燃。 本品是强烈的神经毒物，对黏膜有强烈刺激作用。 禁配物：强氧化剂、碱类。

接触后表现	现场急救措施
急性中毒：短期内吸入高浓度硫化氢后出现流泪、眼痛、眼内异物感、畏光、视物模糊、流涕、咽喉部灼热感、咳嗽、胸闷、头痛、头晕、乏力、意识模糊等。部分患者可有心肌损害，重者可出现脑水肿、肺水肿。极高浓度(1 000 mg/m³以上)时可在数秒内突然昏迷，呼吸和心跳骤停，发生"电击型死亡"，高浓度接触结膜发生水肿和角膜溃疡，长期低浓度接触，引起神经衰弱综合征和植物神经功能紊乱。	皮肤接触：脱去污染的衣物，用流动清水冲洗至少15分钟。 眼睛接触：提起眼睑，用流动清水或生理盐水冲洗至少15分钟。严重者即就医。 吸入：迅速脱离现场至空气新鲜处。呼吸心跳停止时，立即进行人工呼吸和闭胸心脏按压，就医。

个体防护措施

泄漏应急处理
迅速疏散泄漏污染区人员至安全区，并进行隔离，严格限制出入，切断水源，建议应急处理人员戴自给正压式呼吸器，穿防静电工作服，尽可能切断泄漏源，防止流入下水道、排洪沟等限制性空间。小量泄漏：用砂土或其他不燃材料吸附或吸收，也可以用大量水冲洗，洗水稀释后放入废水系统。大量泄漏：构筑围堤或挖坑收容，用泡沫覆盖，降低蒸气灾害，用防爆泵转移至槽车或专用收集器内，回收或运至废物处理场所处置。

最高允许浓度	应急救援单位名称	应急救援单位电话
MAC（mg/m³）：10	消防中心 医院	消防中心：119 医院：120

图 3-2　危险化学品安全周知卡（硫化氢）

◇ 配好灰色防毒具，通风排风要记住。

◇ 患者移到新鲜处，人工呼吸要迅速。

◇ 最好实行口对口，重者速往医院送。

【急救措施】

皮肤接触：立即脱去污染的衣物，用2%硼酸溶液或大量清水彻底冲洗。及时就医。

眼睛接触：立即提起眼睑，用大量流动清水或生理盐水彻底冲洗至少15 min。及时就医。

吸入：迅速脱离现场至空气新鲜处，保持呼吸道通畅。如呼吸困难，给予输氧；如呼吸停止，立即进行人工呼吸。及时就医。

2. 一氧化碳（CO）

【应知应会】

◇ 一氧化碳为无色、无臭、无味气体。

◇ 大量吸入可引起头晕等一系列缺氧症状。

◇ 吸入者应立即移至空气新鲜处。

◇ 操作时须佩戴供气式防毒面具或有白色色标滤毒罐的防毒面具及防护服。

◇ 工作场所保持良好通风。

【顺口溜】

◇ 无色无味无臭气，明火灼热爆炸气。

◇ 一旦中毒体缺氧，头痛恶心肢无力。

◇ 神经衰弱损心脏，重者昏迷和死亡。

◇ 配备白色防毒罐，可用供气防毒具。

◇ 发现中毒莫要慌，脱离现场换空气。

◇ 人工呼吸不能少，重者送到医院去。

【急救措施】

吸入：迅速脱离现场至空气新鲜处，保持呼吸道通畅。如呼吸困难，给予输氧；发现呼吸心跳停止时，立即进行人工呼吸和闭胸心脏按压急救。及时就医。

3. 硝酸（HNO_3）

【应知应会】

◇ 硝酸为无色液体。

◇ 接触可致化学性灼伤。
◇ 患处用大量清水清洗，5%碳酸氢钠溶液湿敷。
◇ 操作时须穿戴防护服、防酸手套、防护眼镜。
◇ 容器应备硝酸吸着物以抑制溢泄。

【顺口溜】
◇ 硝酸无色易挥发，长期吸入伤肺牙。
◇ 眼睛皮肤受伤害，还原反应能爆炸。
◇ 消防工作要加强，此物火灾危险大。
◇ 绿色色标滤毒罐，人身防护不能差。
◇ 皮肤患眼清水洗，伤害治疗难度大。

【急救措施】
皮肤接触：立即脱去污染的衣物，用大量流动清水冲洗至少15 min。及时就医。

眼睛接触：立即提起眼睑，用大量流动清水或生理盐水彻底冲洗至少15 min。及时就医。

吸入：迅速脱离现场至空气新鲜处，保持呼吸道通畅。如呼吸困难，给予输氧；如呼吸停止，立即进行人工呼吸。及时就医。

食入：用水漱口，给予牛奶或蛋清。及时就医。

4. 氮气（N_2）

【应知应会】
◇ 氮气是无色、无臭、窒息性气体。
◇ 空气中含量过高会引起缺氧窒息。
◇ 避免高浓度吸入，密闭操作应保持良好通风。
◇ 进入有限空间（如罐内）或其他高浓度区作业时，必须有人监护。

【顺口溜】
◇ 无色无味无臭气，浓度过高要窒息。
◇ 进罐之前要监测，千万别忘呼吸器。
◇ 监护人员作用大，氧气浓度达十八。
◇ 应急抢救要妥善，麻痹大意性命搭。

【急救措施】

吸入：迅速脱离现场至空气新鲜处，保持呼吸道通畅。如呼吸困难，给予输氧；发现呼吸心跳停止时，立即进行人工呼吸和闭胸心脏按压急救。及时就医。

5. 氢气（H_2）

【应知应会】

◇ 与空气混合能形成爆炸性混合物，遇热或明火即爆炸。

◇ 气体比空气轻，在室内使用和储存时，泄漏的气体会上升并滞留屋顶，不易排出。

◇ 若不能切断气源，则不允许熄灭泄漏处的火焰。

◇ 操作时须穿防静电工作服，远离火种、热源，工作场所严禁吸烟。

◇ 使用防爆型的通风系统和设备。

【顺口溜】

◇ 易燃易爆"脾气大"，空气混合危险加。

◇ 气体轻轻高在上，排气通风别靠下。

◇ 防止静电与火星，接地跨接常检查。

◇ 泄漏应急常准备，切断气源引出它。

【急救措施】

吸入：迅速脱离现场至空气新鲜处，保持呼吸道通畅。如呼吸困难，给予输氧；如呼吸停止，立即进行人工呼吸。及时就医。

6. 硝酸铵（NH_4NO_3）

【应知应会】

◇ 硝酸铵为无色晶体，无气味。

◇ 接触会刺激皮肤、眼睛、鼻子、咽喉和肺。

◇ 皮肤或眼睛接触后应使用大量清水冲洗，吸入者移至空气新鲜处。

◇ 操作时须戴橡胶手套和防护镜，重点防护呼吸系统。

【顺口溜】

◇ 硝酸铵无色晶体，无气味缓慢分解。

◇ 刺激皮肤眼咽喉，高浓暴露晕厥症。

◇ 高温爆炸产毒气，橡胶手套防护镜。
◇ 储存通风干燥处，运输限量标记明。

【急救措施】

皮肤接触：脱去污染的衣物，用大量流动清水冲洗。

眼睛接触：提起眼睑，用流动清水或生理盐水冲洗。及时就医。

吸入：迅速脱离现场至空气新鲜处，保持呼吸道通畅。如呼吸困难，给予输氧；如呼吸停止，立即进行人工呼吸。及时就医。

7. 一氧化氮（NO）

【应知应会】

◇ 一氧化氮常温下为无色气体，在液态或固态时为蓝色。
◇ 吸入当时无明显症状或有眼部及呼吸道症状。
◇ 吸入者应撤离现场，静卧保暖并吸氧。
◇ 操作时须佩戴防毒面具、自给式呼吸器以及相应防护服。
◇ 工作场所严禁吸烟、进食和饮水，发现泄漏时迅速撤离至上风处。

【顺口溜】

◇ 助燃有毒刺激气，损伤黏膜与呼吸。
◇ 空气氧化毒性增，通风淋浴洗眼器。
◇ 操作严格守规程，眼镜手套和护具。
◇ 泄漏快速离现场，呼吸通畅是第一。

【急救措施】

吸入：迅速脱离现场至空气新鲜处，保持呼吸道通畅。如呼吸困难，给予输氧；如呼吸停止，立即进行人工呼吸。及时就医。

8. 二氧化氮（NO_2）

【应知应会】

◇ 固态二氧化氮呈无色，液态呈黄色。
◇ 吸入者远移至空气新鲜处；灼伤者用大量清水冲洗患处。
◇ 操作时须佩戴呼吸器及相应防护服。
◇ 发现泄漏时应迅速隔离现场，远离可燃物。

【顺口溜】
◇ 黄色液体棕红气，眼睛呼吸受刺激。
◇ 助燃加强氧化性，遇水腐蚀别大意。
◇ 密闭通风来操作，防止高温和烟火。
◇ 防护器材维护好，干粉干冰来灭火。

【急救措施】
吸入：迅速脱离现场至空气新鲜处，保持呼吸道通畅。如呼吸困难，给予输氧；如呼吸停止，立即进行人工呼吸。及时就医。

9. 甲醇（CH_3OH）

【应知应会】
◇ 甲醇为无色、透明、高度挥发、易燃液体，略有酒精气味。
◇ 过量吸入出现头疼、恶心、呕吐、视力下降等一系列症状。
◇ 接触者移离现场，脱去污染衣物，就医专业治疗。
◇ 操作时须佩戴褐色色标滤毒罐的防毒面具。
◇ 工作场所严禁吸烟、进食和饮水。

【顺口溜】
◇ 甲醇味如淡酒精，危害血管和神经。
◇ 眼睛皮肤有伤害，人身防护不可轻。
◇ 甲类防火危险物，远离明火要小心。
◇ 二氧化碳干粉器，消防设施保平安。

【急救措施】
皮肤接触：脱去污染的衣物，用肥皂水和清水彻底冲洗患处。

眼睛接触：提起眼睑，用流动清水或生理盐水冲洗。及时就医。

吸入：迅速脱离现场至空气新鲜处，保持呼吸道通畅。如呼吸困难，给予输氧；如呼吸停止，立即进行人工呼吸。及时就医。

食入：饮足量温水、催吐，用清水或1%硫代硫酸钠溶液洗胃。及时就医。

（二）作业人员使用危险化学品的注意事项

（1）必须严格遵守使用危险化学品的安全操作规程。

（2）在使用危险化学品之前，必须仔细阅读危险化学品安全技术说明书，尤其是有关安全注意事项和应急处理方面的内容。

（3）按照工厂和安全技术说明书的要求穿戴好个人防护用品，不能直接接触会引起过敏和会经皮肤吸收引起中毒的危险化学品。

（4）作业时要精神集中，严禁打闹嬉戏。

（5）严禁在危险化学品工作场所进食、饮水。

第六节　危险作业

一、动火作业

（一）动火作业的定义与分级

1. 动火作业的定义

直接或间接产生明火的工艺设备以外的禁火区内可能产生火焰、火花或炽热表面的非常规作业，如使用电焊、气焊（割）、喷灯、电钻、砂轮等进行的作业称为动火作业。

常见动火作业包括但不限于以下几个方面：

（1）各种焊接、切割作业；

（2）使用喷灯、火炉等明火作业；

（3）煨管、熬沥青、炒沙子等施工作业；

（4）打磨、喷砂、锤击等产生火花的作业；

（5）临时用电或使用非防爆电动工具的作业；

（6）使用雷管、炸药等进行爆破作业；

（7）在易燃易爆区使用非防爆的通信和电气设备的作业。

2. 动火作业的分级

固定动火区外的动火作业一般分为特殊动火、一级动火、二级动火三个级别，遇节日、假日或其他特殊情况，动火作业应升级管理。

（1）特殊动火作业。在生产运行状态下的易燃易爆生产装置、输送管道、储罐、容器等部位及其他特殊危险场所进行的动火作业。带压不置换动火作业按特殊动火作业管理。

（2）一级动火作业。在易燃易爆场所进行的除特殊动火作业以外的动火作业。厂区管廊上的动火作业按一级动火作业管理。

（3）二级动火作业。除特殊动火作业和一级动火作业以外的动火作业。凡生产装置或系统全部停车，装置经清洗、置换、分析合格并采取安全隔离措施后，可根据其火灾、爆炸的危险性大小，经所在单位安全生产管理部门批准，批准后的动火作业可按二级动火作业管理。

3. "四不动火"原则

（1）没有取得动火证不动火；

（2）动火监护人不在现场不动火；

（3）防火措施不落实不动火；

（4）动火部位、时间与动火证不符不动火。

作业人员有权依照"四不动火"原则拒绝违规动火。

（二）动火分析及合格标准

1. 相关要求

（1）在生产、储存、运输可燃物料的设备、容器及管道上动火，应进行动火分析，分析合格后方可动火。

（2）需要动火的塔、罐、容器等设备和管线，应进行内部和环境气体分析检验，并将分析数据填入动火证。

（3）采样点应具有代表性，采样物质须与动火时物质一致。

（4）动火分析与动火作业间隔一般不超过 30 min，如现场条件不允许，间隔时间可适当放宽，但不应超过 60 min；作业中断时间超过 60 min，应重新分析；每日动火前均应进行动火分析；特殊动火作业期间应随时进行监测。

（5）动火人员不需要进入有限空间时，可作有限空间的可燃物含量分析；动火人员需要进入有限空间时，还需进行有限空间的氧含量和有毒物分析。

2. 分析合格标准

（1）当被测气体或蒸气的爆炸下限大于或等于4%时，其被测浓度应不大于0.5%（体积分数）。

(2) 当被测气体或蒸气的爆炸下限小于4%时,其被测浓度应不大于0.2%(体积分数)。

(三) 动火作业的安全技术措施

1. 动火作业前的要求

(1) 申请动火作业前,作业单位应针对动火作业内容、作业环境、作业人员资质等方面进行风险分析,根据风险分析的结果制定相应控制措施,消除或降低作业风险。

动火作业前风险分析的内容,要涵盖作业的步骤、作业所使用的工具和设备、作业环境的特点以及作业人员的情况等。未实施作业前风险分析、预防控制措施不落实,不能进行作业。

(2) 实施动火作业前,应检查电焊、气割等所使用的器具是否安全可靠,不得带"病"使用;动火作业现场周围的易燃易爆物质应清理干净,与动火作业设备相连的管线或装置等,应采取拆离、加盲板等可靠的隔离措施;距动火点15 m内所有的漏斗、排水口、井口、排气管、管道、地沟等应封严盖实。

(3) 动火作业区域应设置警戒线,严禁与动火作业无关的人员或车辆进入动火区域。必要时,应在动火现场配备消防车及医疗救护设备和器材。

(4) 实施动火作业前,应对动火点或作业区域的可燃气体浓度进行检测。需要动火的塔、罐、容器、槽车等设备和管线,经过清洗、置换和通风后,还应检测可燃气体、有毒有害气体、氧气浓度,符合要求时才能进行动火作业。气体检测的位置和采样点应具有代表性,必要时分析样品应保留到作业结束。用于检测气体的检测仪应在校验有效期内,并在每次使用前应与其他同类型检测仪进行比对检查,以确定其处于正常工作状态。

2. 动火作业过程中的措施

(1) 动火作业过程中,应严格按照安全措施或方案的要求进行作业。

(2) 动火作业人员应处于动火点上风向位置,避开易燃易爆介质、封堵物等危险物质的喷射。特殊情况时,应采取围挡措施并控制火花飞溅。

（3）进行气焊（割）动火作业时，氧气瓶与乙炔气瓶的间隔不小于 5 m，且乙炔气瓶严禁卧放。气瓶与动火作业地点距离不得小于 10 m。

（4）动火作业过程中，应根据管理规定或作业方案中要求的气体检测时间和频次进行检测，填写检测记录，注明检测的时间和检测结果。

（5）动火作业过程中，动火监护人应坚守作业现场。监护人发生变化需经批准。

3. 动火作业结束后的检查

动火作业结束后，作业人员和监护人应收拾工具、整理现场，关掉电源、气源等能量源。搬离动火设备，熄灭余火，确认无遗留火种、火源隐患后，方可离开作业现场。

二、高处作业

（一）高处作业的相关定义和分类

1. 相关定义

（1）高处作业。作业高度在 2 m 及 2 m 以上有可能坠落的高处进行的作业。

（2）作业高度。从作业位置到坠落基准面的垂直距离。

（3）坠落基准面。坠落处最低点的水平面。

2. 高处作业分类

（1）临边作业。临边作业是指施工现场中，工作面边沿无围护设施或围护设施高度低于 80 cm 的高处作业。

（2）洞口作业。洞口作业是指孔、洞口旁边的高处作业，包括施工现场及通道旁深度在 2 m 及 2 m 以上的桩孔、沟槽与管道孔洞等边沿上进行的作业。

（3）攀登作业。攀登作业是指借助建筑结构或脚手架上的登高设施或梯子等其他登高设施在攀登条件下进行的高处作业。

（4）悬空作业。悬空作业是指在周边临空状态下进行的高处作业。其特点是作业人员在无立足点或无牢靠立足点的条件下进行高处作业。

（5）交叉作业。交叉作业是指在施工现场的上下不同层次，于空间贯通状态下同时进行的高处作业。

3. 高处作业分级

高处作业为分四个级别：一级、二级、三级和特级高处作业。

（1）一级高处作业的作业高度在 2 m 及 2 m 以上、5 m 及 5 m 以下。

（2）二级高处作业的作业高度在 5 m 以上、15 m 及 15 m 以下。

（3）三级高处作业的作业高度在 15 m 以上、30 m 及 30 m 以下。

（4）特级高处作业的作业高度在 30 m 以上。

（二）高处作业要求

1. 高处作业注意事项

（1）作业前对作业人员的身体、设施设备的安全、作业许可证、劳动防护用品、作业通信装置进行检查。

（2）高处作业人员应按照规定穿戴符合国家标准的安全帽、安全带、防滑鞋等劳动防护用品。

（3）作业过程中发现高处作业的安全技术设施有缺陷和隐患时，作业单位现场负责人和监护人应及时组织解决；危及人身安全时，应停止作业，并根据应急处置方案的要求启动应急响应和组织撤离。

（4）高处作业完工后，作业现场负责人应组织清扫现场，作业用的工具、拆卸下的物件及余料和废料应清理运走。

（5）脚手架、防护棚拆除时，应设警戒区，并派专人监护。拆除脚手架、防护棚时不得上部和下部同时施工。高处作业完工后，临时用电的线路应由持有特种作业操作证的电工拆除。

2. 高处作业"十不准"

（1）患有高血压、心脏病、贫血、癫痫、深度近视等疾病者不准登高；

（2）无人监护不准登高；

（3）没有戴安全帽、系安全带，不扎紧裤腿时不准登高作业；

（4）作业现场有六级以上大风或有暴雨、大雪、大雾时不准登高；

（5）脚手架、操作平台、梯子、安全网、防护板等安全设施不牢不准登高；

（6）梯子无防滑措施、未穿防滑鞋不准登高；

（7）不准攀爬井架、龙门架、脚手架，不能乘坐非载人的垂直运输设备登高；

（8）携带笨重物件不准登高；

（9）高压线旁无护栏不准登高；

（10）光线不足不准登高。

三、有限空间作业

（一）有限空间作业的定义及分类

1. 有限空间作业的定义

有限空间是指进出口受限，通风不良，可能存在易燃易爆、有毒有害物质或缺氧，对进入人员的身体健康和生命安全构成威胁的封闭、半封闭设施及场所，如反应器、塔、釜、槽、罐、炉膛、锅筒、管道以及地下室、窨井、坑（池）、下水道等。

有限空间作业是指作业人员进入或探入有限空间进行的作业。

2. 有限空间类型

有限空间分为三类：

（1）密闭设备。如船舱、贮罐、车载槽罐、反应塔（釜）、冷藏箱、压力容器、管道、烟道、锅炉等。

（2）地下有限空间。如地下管道、地下室、地下仓库、地下工程、暗沟、隧道、涵洞、地坑、废井、地窖、污水池（井）、沼气池、化粪池、下水道等。

（3）地上有限空间。如储藏室、酒糟池、发酵池、垃圾站、温室、冷库、粮仓、料仓等。

(二) 有限空间安全技术措施

1. 作业前文件材料准备

（1）有限空间作业许可证；

（2）有限空间应急救援预案；

（3）有限空间气体检测记录；

（4）有限空间进入者名单；

（5）有限空间进入前会议记录；

（6）化学品安全技术说明书（SDS）等。

2. 安全操作规程

（1）按照"先检测、后作业"的原则，凡要进入有限空间危险作业场所作业，必须根据实际情况事先测定有限空间内氧气、有害气体、可燃性气体、粉尘的浓度，符合安全要求后，方可进入。在未准确测定氧气、有害气体、可燃性气体、粉尘的浓度前，严禁进入该作业场所。

（2）确保有限空间危险作业现场的空气质量。氧气体积分数应在18%以上、23.5%以下。有害气体、可燃性气体、粉尘浓度必须符合国家标准的安全要求。检查有限空间内部时，检测人员应佩戴隔离式呼吸器。检测合格后，办理有限空间作业许可证后方可进行作业。

（3）在有限空间危险作业进行过程中，应加强通风换气。严禁用纯氧进行通风换气，在氧气、有害气体、可燃性气体、粉尘的浓度可能发生变化的危险作业中，应保持必要的测定次数或连续检测。

（4）作业时所用的一切电气设备，必须符合有关用电安全技术操作规程。照明或电动工具应在24 V安全电压以下，使用超过安全电压的手持电动工具，必须按规定配备漏电保护器。

（5）有可燃性气体或可燃性粉尘存在的作业现场，所有的检测仪器、电动工具、照明灯具等，必须使用符合《爆炸危险环境电力装置设计规范》（GB 50058—2014）要求的防爆型产品。

（6）对因防爆、防氧化要求而不能采用通风换气措施或受作业环境限制不易充分通风换气的场所，作业人员必须配备并使用空气呼吸器或软管面具等隔离式呼吸保护器具。

（7）作业人员进入有限空间危险作业场所作业前和离开时，应准确清点人数及工具。作业人员在有限空间内作业时，监护人不得离开。

（8）作业场所的缺氧危险可能影响附近作业场所人员的安全时，应及时通知附近作业场所的有关人员。

（9）严禁无关人员进入有限空间危险作业场所，并应在醒目处设置警示标志。

（10）难度大、劳动强度大、时间长的有限空间作业应采取轮换作业方式。最长作业时限不应超过24 h，特殊情况超过时限的应办理作业延期手续。

（11）作业结束后，有限空间所在单位和作业单位共同检查有限空间内外，确认无问题后方可封闭有限空间。

3. 有限空间内的气体浓度监测要求

（1）作业前30 min内，应对有限空间进行气体分析，分析合格后方可进入。如现场条件不允许，时间可适当放宽，但不应超过60 min。

（2）监测点应有代表性，容积较大的有限空间，应对上、中、下各部位进行监测分析。

（3）作业中应定时监测，至少每2 h监测一次，如监测分析结果有明显变化，应立即停止作业，撤离人员，对现场进行处理，监测分析合格后方可恢复作业。

（4）对可能释放有害物质的有限空间，应连续监测，情况异常时应立即停止作业，撤离人员，对现场进行处理，监测分析合格后方可恢复作业。

（5）涂刷具有挥发性溶剂的涂料时，应做连续分析，并采取强制通风措施。

（6）作业中断时间超过60 min时，应重新进行分析。

第七节　安全色与安全标志

安全色和安全标志是用特定的颜色和标志，从保证安全需要出发，采用一定的形象，以醒目的形式给人们以提示、提醒、指示、警告或命令。我国颁布了《安全色》（GB 2893—2008）和《安全标志及其使用导则》（GB 2894—2008）等国家标准，其目的是使人们迅速地发现或分辨出安全标志，避免进入危险场所或做出有危险的行为，并在遇到紧急情况时，能及时、正确地采取应急措施，或安全撤离现场。此外，安全色和安全标志还可以提醒我们在生产和生活中要遵纪守法、小心谨慎、注意安全。

一、安全色与对比色

（一）安全色的含义及用途

安全色是表达"禁止""警告""指令"和"提示"等安全信息含义的颜色，必须要求引人注目和易于辨认。《安全色》规定采用红、蓝、黄、绿四种颜色作为传递安全信息含义的颜色。这四种颜色在传递安全信息方面的含义及用途见表3-1。

1. 红色

红色很醒目，能使人们在心理上产生兴奋感和刺激性。红光的波长较长，不易被尘雾所散射，在较远的地方也容易辨认，即红色的注目性非常高，视认性也很高，所以用其表示危险、禁止和紧急停止的信号。

2. 蓝色

蓝色的注目性和视认性虽然都不太高，但与白色配合使用效果不错，特别是在太阳光直射的情况下较明显，因而被选用为指令标志的颜色。

3. 黄色

黄色能对人眼产生比红色更高的明度，黄色与黑色组成的条纹是视认性最高的色彩，特别能引起人们的注意，所以被选用为警告色。

4. 绿色

绿色的注目性和视认性虽然都不高，但绿色是新鲜、年轻、青春的象征，具有和平、久远、生长、安全等心理效应，所以用绿色表示提示性的安全信息。

表 3-1 安全色的含义及用途

颜色	含义	用途举例
红色	传递禁止、停止、危险或提示消防设备、设施的信息	消防设备标志； 危险信号旗； 停止信号，如机器、车辆上的紧急停止手柄或按钮，以及禁止人们触动的部位
蓝色	传递必须遵守规定的指令性信息	必须佩戴个人劳动防护用具； 道路上指引车辆和行人行进方向的指令
黄色	传递注意、警告的信息	厂内危险机器和坑（池）周围的警戒线； 行车道中线； 机械上齿轮箱内部、安全帽
绿色	传递安全的提示性信息	车间内的安全通道； 行人和车辆通行标志； 消防设备和其他安全防护设备的位置

注：①蓝色只有与几何图形同时使用时，才表示指令；
②为了不与道路两旁绿色行道树相混淆，道路上的提示标志用蓝色。

（二）对比色规定

为使安全色更加醒目的反衬色称为对比色。对比色包括黑、白两种颜色。对于安全色来说，什么颜色的对比色用白色，什么颜色的对比色用黑色，取决于该颜色的明度，两色明度差别越大越好。所以黑、白互为对比色，红色、蓝色、绿色的对比色定为白色，黄色的对比色定为黑色。详见表 3-2。

表 3-2 安全色的对比色

安全色	相应的对比色
红色	白色
蓝色	白色
黄色	黑色
绿色	白色

在运用对比色时，黑色用于安全标志的文字、图形符号和警告标志的几何边框。白色既可以用于红色、蓝色、绿色的背景色，也可以用做安全标志的文字和图形符号。

（三）安全色与对比色的相间条纹

用安全色和其对比色制成的间隔条纹标示，能更加清晰醒目。间隔的条纹标示有红色与白色相间条纹、黄色与黑色相间条纹、蓝色与白色相间条纹和绿色与白色相间条纹，相间条纹为等宽条纹，倾斜约45°。常用间隔条纹标示的含义和用途见表3-3。

表3-3 常用间隔条纹标示的含义与用途

颜色	含义	用途举例
白色　红色	禁止越过；提示消防设备、设施位置	道路上用的防护栏杆
黄色　黑色	警告危险	工矿企业内部的防护栏杆；铁路和道路的交叉道口上的防护栏杆

二、安全标志

（一）安全标志的定义和作用

安全标志是用以表达特定安全信息的标志，由安全色、几何形状（边框）和图形符号构成。其作用是引起人们对不安全因素的注意，以达到预防事故发生的目的。因此要求安全标志含义简明、清晰易辨、引人注目。安全标志应尽量避免过多的文字说明（甚至不用文字说明），能使人们通过颜色和图形就知道它所表达的信息含义。《安全标志及其使用导则》将安全标志分禁止标志、警告标志、指令标志和提示标志四大类型。

1. 禁止标志

禁止标志的含义是禁止人们不安全行为。常见的禁止标志见文后彩图。

2. 警告标志

警告标志的含义是提醒人们对周围环境引起注意，以避免可能发生的危险。常见的警告标志见文后彩图。

3. 指令标志

指令标志的含义是强制人们必须做出某种动作或采用防范措施。常见的指令标志见文后彩图。

4. 提示标志

提示标志的含义是向人们提供某种信息（如标明安全设施或场所等）。常见的提示标志见文后彩图。

（二）使用安全标志的相关规定

安全标志在安全管理中的作用非常重要，一些作业场所或者有关设备、设施存在较大的危险因素，但职工或不清楚或常常忽视，如果不采取一定的措施加以提醒，可能造成严重的后果。因此，在有较大的危险因素的生产经营场所或者有关设施、设备上，设置明显的安全标志，以提醒、警告职工，使他们能时刻清醒认识所处环境的危险，提高注意力，加强自身安全保护，对于避免事故发生将起到积极的作用。

在设置安全标志方面，相关法律、法规已有诸多规定。《安全生产法》第三十五条规定，生产经营单位应当在有较大危险因素的生产经营场所和有关设施、设备上，设置明显的安全警示标志。《建设工程安全生产管理条例》第二十八条规定，施工单位应当在施工现场入口处、施工起重机械、临时用电设施、脚手架、出入通道口、楼梯口、电梯井口、孔洞口、桥梁口、隧道口、基坑边沿、爆破物及有害危险气体和液体存放处等危险部位，设置明显的安全警示标志。安全警示标志必须符合国家标准。

（三）安全标志的维护

《图形符号　安全色和安全标志　第 5 部分：安全标志使用原则与要求》（GB/T 2893.5—2020）规定了对安全标志的维护要求。

（1）应对安全标志进行定期目视检查和清洁，对于发现的问题应及时整改。

（2）如发现以下问题中的任何一项，应对安全标志进行更换或立即采取相应措施：

①褪色或变色；
②材料明显的变形、开裂、表面剥落等；
③固定装置脱落；
④被遮挡；
⑤照明亮度不足；
⑥损毁等。

本 章 小 结

1. 防止触电的措施有：绝缘、屏护、安全间距。防止间接触电的措施有：保护接地和保护接零。在完善预防措施的前提下，还应严格遵守安全操作规程，才能最大限度地避免触电事故的发生。

2. 机械加工时操作者易受到碰撞、夹击、打击、刺伤、割伤、剪伤、卷入挤压伤等机械伤害，还会受到噪声、粉尘等职业危害。操作者应严格执行安全操作规程，正确佩戴使用个人劳动防护用品。起重吊装作业要严格遵守"十不吊"原则。

3. 发生火灾需要同时具备可燃物、氧化剂和点火源三个条件。灭火方法都是以破坏已经产生的燃烧条件为目的，只要失去其中任何一个条件，燃烧就会停止。正确使用灭火器，是保证及时迅速扑灭初起火灾的关键。常见的灭火器有：清水灭火器、二氧化碳灭火器和干粉灭火器等。

4. 危险化学品是指具有毒害、腐蚀、爆炸、燃烧、助燃等性质，对人体、设施、环境具有危害的剧毒化学品和其他化学品。操作者应掌握危险化学品知识，严格遵守安全操作规程，正确使用危险化学品。

5. 动火作业一般分为特殊动火、一级动火、二级动火三个级别。动火作业遵守"四不动火"原则。高处作业为分为一级、二级、三级和特级高处作业四个级别。高处作业遵守"十不准"原则。受限空间分为密闭设备、地下受限空间和地上受限空间三类。受限空间作业遵守"先检测、后作业"的原则。

6. 安全色分为红、蓝、黄、绿四种颜色，分别表示禁止、指令、警告、提示等意义。安全标志分为禁止标志、警告标志、指令标志和提示标志四种类型。

复习思考题

1. 如何安全使用手持电动工具？
2. 机械操作生产安全事故发生的原因主要有哪些？
3. 什么是起重机械安全操作的"十不吊"？
4. 如何使用干粉灭火器进行火灾扑救？
5. 什么是消防安全四个能力？
6. 如何正确拨打火灾报警电话？
7. 作业人员使用危险化学品的注意事项有哪些？
8. 动火作业分为几个等级？
9. "四不动火"原则是什么？
10. 高处作业"十不准"是什么？
11. 安全色有哪几种颜色，分别代表什么含义？
12. 安全标志分为哪几种类型，分别代表什么含义？

第四章　班组安全教育培训与精细化安全管理

本章学习目标
1. 掌握班组安全教育培训的内容、要求及方法。
2. 掌握特种作业的范围及培训要求。
3. 熟悉班组现场精细化安全管理的内容。

第一节　班组安全教育培训

一、班组安全教育培训的内容

班组安全教育培训的着力点在于用安全理念铸造灵魂，用知识技能提升素质。应围绕"铸魂"和"提素"两个着力点，形成安全理念引领体系和安全技能培训体系。

班组安全教育培训的内容一般分为：安全理念培训、安全技能培训、典型经验和事故教训教育等。

1. 安全理念培训

安全理念是安全文化的核心。只有形成完整的理念表述，组织强势的宣贯认知，开展有效的心理调适，才能很好地诠释出安全发展这个硬道理，才能让安全理念深入人心、融入思想。企业应倡导"一切事故都是可以预防的"等先进理念和做法，完善安全培训理念，将"安全第一、预防为主、综合治理"的安全生产方针扎根到每位员工的意识和行为中，深入生产建设和经营管理全过程中，进而为促进企业健康持续发展提供有力的思想保证、精神动力、文化条件和舆论支持。

2. 安全技能培训

学习和培训是员工行为养成的重要手段，企业要围绕提升员工基本技能水平和操作规程执行能力，以及岗位风险管控、安全隐患排查及基本应急处置的能力，形成每天班前安全培训、每周安全活动培训、月份作业规程培训、季度操作规程培训、半年应知应会培训的阶梯式培训体系，完善每日一题（基本常识）、每周一课（业务知识）、每旬一个案例（案例剖析）、每月一次综合考试（试题培训）的学习考核体系。安全技能培训内容包括：一般生产技术知识、生产安全技术知识以及专业性安全技术知识。

（1）一般生产技术知识主要包括企业的基本生产概况、生产技术过程、作业方式或工艺流程、与作业相适应的机具设备知识和操作技术等。

（2）生产安全技术知识是企业所有员工都必须具备的基本安全技术知识，主要内容有：企业内特别危险区域和设备，以及劳动保护的基本知识和注意事项；有关电气设备（动力及照明）的基本安全知识；起重机械和场内运输的有关安全知识；生产中使用的有毒有害材料或可能散发的有毒有害物质的职业卫生基础知识；企业中的一般消防制度和规则；劳动防护用品的正确使用；发生事故的应急救护及伤亡事故报告办法等。

（3）专业性安全技术知识是指安全技术、工业卫生技术和专业安全技术操作制度，主要内容有：特种作业人员所操作、驾驶的设备、设施的安全操作技术，锅炉、压力容器、起重机械、电气设备、焊接（气割）设备的安全操作制度，以及防爆、防尘、防毒、噪声控制的相关知识等。

3. 典型经验和事故教训教育

运用企业内安全先进项目、单位的经验，进行介绍交流、宣传和教育，并对企业内部的事故案例或外单位典型事故教训进行分析、教育，使广大员工从中认识到事故的危害性，吸取教训，提高防范能力。

二、班组安全教育培训的主要形式和方法

部分员工认为安全培训、安全交底和班前会等枯燥无味，"你在台上讲，我在台下睡""左耳听右耳出"的现象屡见不鲜。班组安全教育培训不能引起班组生产人员的重视，很重要的原因就是实

用性、知识性、趣味性不足。企业在进行安全教育培训过程中，应根据教育培训的内容和对象，充分运用网络自媒体、3D动画课件、知识题库以及模拟仿真等信息技术，开发线上、线下结合的全新教育培训模式，打造"班组安全岛"，实现班组安全教育培训的小型化、常态化，化解班组岗位工作与安全学习的时间交叉矛盾和传统的安全理论讲授形式枯燥等问题。同时要注重教育培训效果的提升，加强教育培训过程中员工的交流，通过开展互动等方式，让员工成为安全教育培训的主角，让员工在安全教育培训中畅所欲言，调整充实安全活动的内容，改变惯常的开会形式。将安全理论学习与事故案例讨论相结合，安全技能学习和安全技术练兵比武相结合，开展安全技术座谈、应急预案演练、自我保护训练，以及查隐患、纠违章等活动。

1. 将基层员工培训与班前会结合

企业应要求各班组在每天生产作业前必须召开班前会，并由班组长通报当天作业的安全风险辨识结果。在班前会上对班组员工进行安全技术交底培训，告知紧急状态下应采取的应急处置措施，穿插进行当前的安全形势分析教育，以提高作业人员的安全意识。同时，对于作业相关方人员较多的企业，还可以结合作业现场实际情况，将班前会上的安全培训延伸到对相关方作业人员的告知性安全教育培训。另外，各班组还可以在每日班前会上，组织员工开展安全知识小课堂、作业危险分析、安全死角揭露、安全作业警告等活动，由班组员工根据自身心得体会，针对不同主题轮流进行讲解。这一做法不但能提升员工对教育培训的参与度，也有利于员工主动思考和学习，进而增强安全意识和安全知识水平。此外，还应注重课堂教育培训与现场体验相结合，做到理论联系实际，例如，对于灭火器、消火栓等安全设备设施的操作学习，企业应优先开展现场示范类培训，可先由有经验的老员工现场演示，然后由新员工进行实操，同时老员工从旁观察并进行指导纠偏；对于应急处置措施的培训，有条件的企业应组织员工前往相应的应急培训班、实战模拟基地进行培训，通过现场教官的细致讲解、演示，员工可在火灾、触电、溺水等模拟场景中进行训练和体验。

2. 将经验分享与安全教育培训相结合

实践中，每位员工由于所处环境不同、岗位不同和阅历不同，对于相似问题的解决方式往往也各不相同。因此，企业可以定期组织员工前往同行业的类似企业，甚至不同行业的企业开展安全教育培训业务交流，对比各企业的做法，找问题、提建议，实现取长补短、共同提高的目的，而且在交流讨论中，还可能会引发新的更好的方法。企业内部的经验分享交流也是值得借鉴的教育培训模式，企业可要求员工在日常工作开始前，结合自己的亲身经历或所见所闻，利用3~5 min讲述生产安全事故案例、典型的不安全行为、成功的安全管理经验以及实用的安全常识等。讲述者通过相应的资料准备，以及深入分析、因果论证等，能够使自己对该问题的理解更加透彻；而倾听者在学习掌握之后，还可以再对其他同事进行讲解。这种链式推广模式可以迅速广泛地将经验技能传递给每位员工，促进企业内形成良好的安全氛围。

3. 将安全技术知识与法律常识教育培训相结合

随着《安全生产法》等法律法规的修订和颁布实施，企业应当及时获取、识别最新的法律法规及规章制度，注重以法律法规为准绳、以事实为依据，对查出的各类安全问题，包括违章行为，依法从严做出处理。

三、班组安全教育培训的主要要求

1. 完善教育培训制度

企业应建立适合本单位生产经营特点的安全教育培训制度，明确规定新员工入职三级教育、全员日常安全培训、相关方入厂安全告知、安全生产管理人员与负责人安全资格培训以及对应的考核流程等，使各级安全教育培训工作有章可循。企业在开展全员教育培训时，不是依靠"拍脑袋"决定教育培训内容，而是要基于领导班子、中层干部、安全生产管理人员以及基层员工的岗位能力评价结果。因此，对于企业而言，必须建立科学的教育培训需求调研系统，例如通过开展问卷调查、测试等方式，准确掌握全员的安全意识和知识水平，知道缺什么、要什么，然后制订合理可行、有针对性的安全教育培训计划，让员工真正掌握所需要的安全知识，提高岗位安全履职能力。企业的安全教育培训制度内容应包括以下几个方面：

（1）安全教育培训主管部门、实施部门及其责任；
（2）教育培训计划、大纲、教材；
（3）接受教育培训的人员类别；
（4）对各类人员教育培训的内容、学时以及授课重点；
（5）教育培训考核方式；
（6）建立安全教育培训档案的具体要求。

2. 坚持问题导向

根据各岗位人员情况，制订相应的教育培训计划，并采用适当的教育培训方式。也可采用多种教育培训方式相结合，但主要的目的是让员工提高安全意识。在企业内部，由于各岗位工作内容不同，相应的安全风险因素、事故预防措施和应急处置方法也各不相同，岗位人员的安全素质也存在差异。因此，企业在开展教育培训时，要遵循"干什么学什么"和"缺什么补什么"的原则，有的放矢取得实效。例如，企业可将不同类型的法律法规、规章制度、知识理论和事故案例等内容作为横轴，以领导班子成员、中层管理干部、安全生产管理人员、基层岗位员工和新上岗（换岗）人员等不同岗位人员作为纵轴，建立全员安全教育培训网格，为各级人员量身定制有针对性的教育培训模块，并根据企业安全风险动态识别结果确定适合每个模块的教育培训内容、方式、周期、达成目标，最后通过有效的执行，来确保教育培训取得实效。

3. 加强效果评估

安全教育培训工作完成后，主管部门或者主要负责人要结合安全教育培训的实际组织情况进行效果评估，以确保工作达到实效，同时也有利于工作的改进。企业还应按照要求建立安全教育培训档案，如实记录教育培训的时间、内容、参加人员以及考核结果等情况。对于学习欲望较强，教育培训效果较好的优秀员工，企业可采用长期聘用、薪酬激励或者调整到管理岗位等方式进行奖励；对于教育培训效果较差或不重视、不配合的员工，甚至无法通过岗位考核的员工，企业则应及时采取停岗整顿、强制学习等措施，要求其重新通过考核后方可上岗，促使其认识到自身行为的危害性。

第二节　特种作业安全教育培训

特种作业是指在劳动过程中容易发生伤亡事故，对操作者本人和他人的生命健康，以及周围设施的安全可能造成重大危害的作业。从事特种作业的人员称为特种作业人员。

特种作业人员的安全教育培训是安全管理中一个极为重要的环节。特种作业不仅危险性大，极易发生群死群伤的重大伤亡事故，而且对周围环境也有着重大的威胁。之前发生的许多事故的统计分析结果表明，因特种作业人员违章作业、违反劳动纪律以及安全意识不足造成的事故在各类人员伤亡事故中占40%左右，比重很大。因此，如何做好特种作业人员的安全教育培训，提高他们的安全操作技能，增强他们的安全意识，就显得尤为重要。

特种作业人员的安全教育培训一方面是为了保障其自身及他人的生命安全，另一方面也是对我国"安全第一、预防为主、综合治理"的安全生产方针的贯彻落实，只有以人为本，提高人员的安全意识，才能减少事故的发生和事故造成的损失，保证生产效率，提高企业的效益。

一、特种作业的范围

《特种作业人员安全技术培训考核管理规定》附件中的《特种作业目录》，将特种作业分为以下11种。

1. 电工作业

对电气设备进行运行、维护、安装、检修、改造、施工、调试等的作业（不含电力系统进网作业），包括高压电工作业、低压电工作业和防爆电气作业。

2. 焊接与热切割作业

运用焊接或者热切割方法对材料进行加工的作业（不含《特种设备安全监察条例》规定的有关作业），包括熔化焊接与热切割作业、压力焊作业和钎焊作业。

3. 高处作业

专门或经常在坠落高度基准面 2 m 及以上有可能坠落的高处进行的作业，包括登高架设作业和高处安装、维护、拆除作业。

4. 制冷与空调作业

对大中型制冷与空调设备运行操作、安装与修理的作业，包括制冷与空调设备运行操作作业、制冷与空调设备安装修理作业。

5. 煤矿安全作业

包括煤矿井下电气作业、煤矿井下爆破作业、煤矿安全监测监控作业、煤矿瓦斯检查作业、煤矿安全检查作业、煤矿提升机操作作业、煤矿采煤机（掘进机）操作作业、煤矿瓦斯抽采作业、煤矿防突作业和煤矿探放水作业。

6. 金属非金属矿山安全作业

包含金属非金属矿井通风作业、尾矿作业、金属非金属矿山安全检查作业、金属非金属矿山提升机操作作业、金属非金属矿山支柱作业、金属非金属矿山井下电气作业、金属非金属矿山排水作业和金属非金属矿山爆破作业。

7. 石油天然气安全作业

主要包括司钻作业，即石油、天然气开采过程中操作钻机起升钻具的作业。

8. 冶金（有色）生产安全作业

主要包括煤气作业，即冶金、有色企业内从事煤气生产、储运、输送、使用、维护检修的作业。

9. 危险化学品安全作业

从事危险化工工艺过程操作及化工自动化控制仪表安装、维修、维护的作业，包括光气及光气化工艺作业、氯碱电解工艺作业、氯化工艺作业、硝化工艺作业、合成氨工艺作业、裂解（裂化）工艺作业、氟化工艺作业、加氢工艺作业、重氮化作业、氧化工艺作业、过氧化工艺作业、胺基化工艺作业、磺化工艺作业、聚合工艺作业、烷基化工艺作业和化工自动化控制仪表作业。

10. 烟花爆竹安全作业

从事烟花爆竹生产、储存中的药物混合、造粒、筛选、装药、筑药、压药、搬运等危险工序的作业，包括烟火药制造作业、黑火药制造作业、引火线制造作业、烟花爆竹产品涉药作业和烟花爆竹储存作业。

11. 其他作业

主要指应急管理部认定的其他作业。

二、对特种作业人员的培训、考核和取证要求

1. 特种作业人员上岗要求

特种作业人员上岗前，必须进行专门的安全技术和操作技能的培训和考核，并经培训考核合格，取得特种作业操作证后方可上岗。特种作业人员的培训、考核、发证、复审工作实行统一监管、分级实施、教考分离的原则。特种作业操作证由国家统一式样、标准及编号，有效期6年，全国通用。特种作业人员安全技术考核包括安全技术理论考试与实际操作考试两部分。

2. 特种作业人员重新考核和证件的复审要求

离开特种作业岗位6个月以上的特种作业人员，应当重新进行实际操作考试，经确认合格后方可上岗作业。

取得特种作业操作证者，每3年进行1次复审。连续从事本工种10年以上，严格遵守有关安全生产法律法规的，经原考核发证机关或从业所在地考核发证机关同意，可以延长至每6年复审1次。复审时应提交：社区或县级以上医疗机构出具的健康证明、从事特种作业的情况和安全培训考试合格记录。

三、特种作业人员安全教育培训内容

特种作业人员教育培训的宏观要求及具体内容见表4-1。

表 4-1　特种作业人员教育培训内容

宏观要求	具体内容
严格技能培训与考核工作	①特种作业人员的选择必须严肃,特种作业不同于一般工种的作业,其自身的特殊性,决定了特种作业人员也必须具备相应的特殊条件。在伤亡事故的发生和预防中,人的因素占有重要的位置,人是事故的受害者,但人往往又是事故的肇事者,人的不安全行为因素在事故发生中占有很大的比重。而特种作业本身又是一种危险的作业,如若不能对特种作业人员的基本条件进行严格把关,特种作业中的伤亡事故则难以避免
	②特种作业人员的培训教材要统一化、正规化。培训教材的质量,对提高特种作业人员各方面的素质至关重要。不同类型的特种作业,必须有相应的统一、正规的教材与之相配套,并且教材应该由从事该工种实践研究工作多年、有丰富经验的专家或学者编写。培训教材要能体现出专业技术与实践操作相结合、思想教育与法规教育相结合、一般教育与专门教育相结合的特点
	③对特种作业人员的培训要规范。特种作业人员的培训,不是一般的岗位培训,无论是委托具备安全培训条件的机构还是具备安全培训条件的生产经营单位自行组织培训,都必须按照规定的要求进行
	④对特种作业人员的考核要严格。特种作业人员的培训质量如何,在很大的程度上是通过考核这一环节来检验的。因此,要真实体现特种作业人员的培训情况,就必须把好考核这最后一道"关"
	⑤要定期对持证的特种作业人员进行复审。特种作业人员持证后的复审工作也是对特种作业人员素质进行把关的一个重要环节
加强对特种作业人员基本安全知识、常识的补充教育	①对新入厂的特种作业人员必须进行三级教育。新入厂的特种作业人员,特别是刚从学校毕业参加工作的年轻特种作业人员,他们有文化、有知识,但对作业现场的基本安全知识、常识未必了解,缺少作业现场的实践经验,通常表现出来的是对作业现场充满好奇,很容易因此产生各种不安全行为
	②要加强对特种作业人员的法制教育。法制教育是特种作业人员基本安全常识教育的一个方面,作为特种从业人员,若对基本的安全生产法律、法规一窍不通,那可以说就是"法盲"
	③要加强对特种作业人员日常的班前、班后安全教育。有人说特种作业人员已经掌握了本工种的安全技术操作规程,再进行班前、班后安全教育就显得多此一举了。这种说法是错误的。特种作业人员也必须进行经常性教育,安全教育不可能一劳永逸,必须经常不断地进行。虽然之前的安全培训教育已经使其掌握了相关的安全技术与知识,但如果不经常运用,可能会逐渐淡忘,所以要开展经常性教育
	④要及时对特种作业人员进行新标准、新规范的补充教育

续表

宏观要求	具体内容
加强对特种作业人员安全生产思想的教育	①安全生产思想教育是在"安全生产技能教育"和"安全生产基本知识、常识教育"之后更高层次的"精神"教育
	②应先听特种作业人员本人的意见。因为人的思想是经常变化的,必须及时分析、研究、掌握这种复杂的变化情况,找出问题,然后根据不同的情况,采取不同的对策,"对症下药"并加以纠正
	③坚持对特种作业人员进行各种安全教育培训,并做到全员持证上岗,是提高特种作业人员的安全技能和安全意识,避免和减少伤亡事故的前提和基础;同时也是保障特种作业人员自身安全,降低事故频率,实现安全生产目标的重要措施

第三节 班组现场精细化安全管理

精细化管理是一种理念、一种文化,是起源于日本的一种企业管理理念,是社会分工的精细化以及服务质量的精细化对现代管理的必然要求。安全管理精细化就是将项目中存在的风险点进行分解、细化,制定相应的防护措施,以降低事故发生的概率。班组现场精细化安全管理,就是要把班组的安全管理做到精确、细致、经常化,就是要把班组的安全管理做深、做透、做彻底。

一、精细化安全管理的内涵

精细化安全管理的内涵主要体现在"五化",具体如下。

1. 岗位职责精细化

精细化管理的显著特点就是按流程运作,要通过细分,把工作流程、工作岗位细分成一个个不可再分的"单元",然后进行分析、简化、改进、整合、优化等精细化操作,并进一步细化出若干"元素",根据每一个"元素"的作用,合理地建立"元素"与"单元"间的对应关系,进而把各岗位紧密衔接起来,实现无缝管理。

2. 作业现场标准化和可视化管理

安全管理是一项系统化程度很高、综合性很强的管理科目,而标准化和可视化管理可以有效提升安全管理的效率。标准化和可视化管理就是根据战略发展需要，合理地制定工作规程、基本制度以及各类管理的作业流程，以形成统一、规范和相对稳定的管理体系，并在管理工作中严格按照这些工作规程、制度和流程实施，达到管理工作的井然有序和协调高效。标准化是精细化管理的最基本要求和必要前提。标准化的作业流程可以引导、规范和组织现场生产活动，保障生产安全，提高劳动效率。可视化是将管理制度和流程以一目了然的方式在现场呈现，使得无论是谁都能判明是否存在异常，判别精度高，且判断结果不会因人而异，谁都能遵守，谁都能使用。

3. 风险分析控制精细化

风险分析的重点就是找出整个工作中存在的危险源，并设置防范措施。在精细化安全管理中，认真分析每道工序直接存在的联系，分层次列举出需要进行危险源分析控制的具体步骤和顺序，并在可视化管理流程中标注。风险分析的主要内容是准确、全面查找和分析未来作业过程中的危险源，并提前做好各项预防控制措施。由于危险源是客观存在的，且其具有不确定性和隐蔽性，这就导致工作人员对风险进行识别具有较大的难度，因此，工作人员在风险分析过程中要采取多种方法、多种手段对风险进行识别。

4. 违章治理精细化

违章治理必须从工作实际出发，认真分析每个工作环节中可能出现的各类违章，特别是在可视化工作流程中，应对每道工序中可能存在的违章作出相应的提醒，制定相应的防范措施，并对各类违章制定相应的处罚措施。同时，在生产现场分析出该生产现场可能存在的违章现象，并在生产现场人员出入口张贴相应标识或通过影音视频进行宣传教育。对于生产现场的工作班组，工作负责人应仔细了解班组成员的业务能力、性格和习惯，分析出班组成员可能会出现的违章行为，并进行反馈和学习，采取提醒或相互监督的形式降低违章风险。在违章治理过程中，对检查出来的违章行为一定要及时制止、当场纠正，对于难以当场纠正的违章行为，应制定相应的防范措施，将整改要求落实到人，限定整改时限，并定期检查；建立违章台账，对于存在多次违章的个人或班组，应对相关责任人进行从严从重处罚，停止相应的工作授权，经相关学习和考核合格后方能再次上岗，并在企业范围内进行通报批评，对于反违章有力的班组或个人进行一定的物质奖励和企业内表扬；对于违章现象要追根溯源，查出违章的根本原因，找出管理或技术上的漏洞，以提升安全管理水平。

5. 培训教育精细化

安全教育培训应结合企业的总体规划，对生产过程中的岗位要求、薄弱环节等制订有针对性的培训计划，尤其是专业人员的培训，要能够让专业人员迅速查出安全隐患，对危险做出正确预判，按照精细管理的要求深入分析问题原因并制定相应的措施。对于新入厂员工应从安全基本知识、安全规程和国家法律法规、地方规定和企业管理程序开始，逐步过渡到部门安全操作规程培训，最后结合可视化管理对其进行岗位安全教育培训。针对不同的岗位实行不同的安全教育培训，让每位员工都能达到真正懂技术、通安全、会管理的目的。

二、班组现场精细化安全管理方法

（一）安全走动式管理

安全走动式管理是一种加强管理者、员工和顾客三方沟通的管理制度，其本质是讲求一种和谐的非正式的沟通氛围。安全走动式管理可以加强企业安全生产管理人员与现场人员的沟通，是一种对现场人员、设备、环境进行安全监督检查的现代管理方法，该管理方法强调安全生产管理人员在现场四处走动，而不是只坐在办公室，是极具效力的传递信息与直接监管方式，对强化企业安全管理工作，提高安全管理水平意义重大。

1. 安全走动式管理的特点

（1）管理者动，下属也跟着动。企业没有不犯错误的员工，这时，作为管理者就有责任和义务尽可能让下属少犯错。经常性地检查下属工作，不但可以了解工作进度，还可以发现问题，更重要的是防范问题的发生。

（2）投资小，收益大。安全走动式管理并不需要太多的资金和技术就可提高企业的安全生产水平。

（3）看得见的管理。安全生产管理人员应当到生产一线，与生产一线员工见面、交谈，希望员工能够对他提意见，能够认识他，甚至与他争辩是非，到一线员工中去考察实际、了解实情，多听一些"不好"，而不是只听"好"的。不仅要关心员工的工作，叫得出他们的名字，而且要关心他们的衣食住行。这样，员工会觉得管理者重视他们工作，工作自然十分努力。一个企业有了员工的支持和努力，自然就会不断发展。

（4）有利于掌握现场第一手资料。安全走动式管理能够让安全生产管理人员随时掌握现场安全生产实际状况，及时排查安全隐患并采取措施，确保事故苗头一出现就有人抓，异常情况一露头就有人报，违章一发生就有人管，将事故消灭于萌芽状态。

2. 安全走动式管理应注意的问题

（1）安全生产管理人员应合理安排案头工作与走动时间，确保每日深入现场走动的时间不少于 4 h。严格落实现场检查监督的内容与安全信息交流，严禁以检查工作为由，在其他单位办公室、现场控制室或各班组闲坐、聊天。确保每名安全生产管理人员均配备专用现场巡视检查记录簿，对每日检查情况做好记录，对现场发现的人的不安全行为、物的不安全状态与环境的不安全因素及时向各级领导汇报。同时，企业安全生产管理部门的负责人应每月对各专用现场巡视检查记录进行一次查评，监督落实记录中发现的问题。

（2）走动不是出巡，安全生产管理人员不能像"钦差大臣"出巡一样，光摆威风，不管实事，否则走动将一无所获。另外，安全走动式管理不同于安全监督，也不同于安全检查，应把沟通作为头等大事，把收集信息作为主要工作内容，应多看、多听、多想、多记、多交流，少说、少罚、少训人。碰到违章违纪行为，应予以制止，更重要的是要多沟通，找到源头，防止类似情况重演。

（3）不能为了执行安全走动式管理而走动，装样子闲逛，对不安全情况不闻不问，否则安全走动式管理自然没有效果。实施安全走动式管理，是一个系统工程，必须从上而下，领导率先垂范，常抓不懈，形成良好沟通氛围，形成持久的安全生产局面。

（4）安全走动式管理行使的是监督权，安全生产管理人员主要工作是安全监督、检查、指导与沟通，不能干扰指挥系统，越俎代庖。在工作场所，绝不能不分青红皂白瞎指挥、乱干预，打乱现场工作秩序。

（二）现场定置管理

企业安全管理的突出问题是生产现场，而生产现场最直观的反映是生产现场的定置管理。定置管理是一项繁重、复杂且贯穿始终的工作，但常常得不到相应的重视，导致生产无序、现场杂乱，不仅影响企业形象，还会影响安全。

1. 现场定置管理概念

定置管理是科学的现场工艺管理，定置管理中的"定置"不是字面意义上的"把物品固定放置"，它的特定含义是：根据生产活动的目的，考虑生产活动的效率、质量等制约条件和物品自身的特殊的要求（如时间、质量、数量、流程等），划分出适当的放置场所，确定物品在场所中的放置状态，作为生产活动主体人与物品联系的信息媒介，从而有利于人、物的结合，有效地进行生产活动。对物品进行有目的、有计划、有方法的科学放置，称为现场物品的"定置"。

定置管理的基本方法包括两方面：一是"三定"原则，即定名、定点、定量；二是"三要素"，即（放置的）场所、方法、标识。

标识的方法有：轮廓线、标签、阴影、色标等。

定置管理不仅适合现场的物品，还包括人员、机器、原料、方法、环境（"人机料法环"）各个方面，如操作人员的衣着，清洁工具的位置等。

2. 现场区域定置

（1）对生产现场、通道、物品区合理划分，设置标识牌和标志线。

（2）易燃、易爆、有污染的物品应由专人管理，按规定特别标识。

（3）建立车间、班组卫生责任区域的定置管理，并设置责任标识牌。

3. 定置管理的实施

（1）清除与生产活动无关的物品。在企业生产活动中，凡是与企业生产活动无关的物品都应该清理干净。清除与生产活动无关的物品应该本着"双增双节"的精神，将能够加以利用的物品加以利用，而那些实在不能加以利用的物品，尽可能地将其转化为一些实质性的价值，如资金等。

（2）按照设定的定置图进行定置。生产现场各个车间、部门都应该按照定置图的要求对生产过程中的生产器具等物品进行合理的分类、搬迁、调整，将其定位在合理的位置上。定置过程中，物品应该按照定置图中的要求进行定位，位置要正确，摆放要整齐，有特定储存条件的物品须放在相应的器具内。对于车间内的可移动物，如叉车、推车等也应该进行适当的定位。

（3）放置标准信息牌。标准信息牌须牌、物、图相符，并设置专人进行管理，不得随意进行移动。定置实施应该全力做到：有图必有物，有物必有区，有区必挂牌，有牌必分类；按图定置，按类存放，图物一致。只有全力做好这些，定置管理的效果才能在现场管理活动中得以显现，才能真正让人感受到定置管理的作用。

（三）看板管理

安全看板管理系统是在看板管理理念和流程设计的基础上建立的，它把每一个安全管理环节中存在的问题清单化、系统化，并建立安全问题分级管理和销号制度，采取自上而下的安全检查、抽查、巡视等方式将发现的问题追加到部门或单位的安全问题清单上，督办、催办该部门或单位进行整改，并监督整改落实情况。与此同时，还可以建立问题库，收集、整理历年来出现的安全问题，并详细记录整改情况，真正实现"安全生产、预防为主、综合治理"的目标。

1. 实施现场看板管理的目的与意义

（1）传递现场的生产信息，统一思想。生产现场人员众多，由于分工的不同导致信息传递不及时的现象时有发生。而实施看板管理后，任何人都可从看板中及时了解现场的生产信息，并从中掌握自己的作业任务，避免信息传递中的遗漏。

此外，针对生产过程中出现的问题，生产人员可提出自己的意见或建议，这些意见和建议大多可通过看板来展示，供大家讨论，以便统一员工的思想，使大家朝着共同的目标努力。

（2）杜绝现场管理中的漏洞。通过看板管理，生产现场管理人员可以直接掌握生产进度、质量等情况，为其作出管控决策提供直接依据。

（3）绩效考核应公平、透明。通过看板管理，生产现场的安全管理工作一目了然，安全生产的绩效考核也随之公开化、透明化，同时也起到了激励先进、督促后进的作用。

（4）保证生产现场作业秩序，提升企业形象。现场看板既可提示作业人员根据看板信息进行作业，对现场物料、产品进行科学、合理的处理，也可使生产现场作业有条不紊地进行，给参观企业现场的客户留下良好的印象，提升企业的形象。

2. 安全看板管理系统

安全看板管理系统是运用信息化的手段实现相关工作的流程化管理，将安全问题从发现到整改落实的整个过程管控起来，使安全管理工作更系统、更科学。

（1）安全工作清单管理。每一个涉及安全管理的部门或单位都要将安全管理工作计划以周、月度、季度、年度为周期建立安全管理工作计划清单，以自检自查、安全巡视、安全培训等工作为重点，科学、系统地安排本部门或单位的安全管理工作。安全工作实行清单管理可以充分调动和发挥肩负安全管理责任的部门或单位的工作积极性和主观能动性，根据不同时期、不同工作阶段的安全管理内容，有针对性地安排好相关工作。另外，上级领导和安全主管部门要根据需要了解每一个部门或单位的安全管理工作计划，以便掌握和把控工作全局和阶段重点，适时开展相应的活动。

(2)安全问题看板管理。所谓安全问题看板管理,就是将安全问题集中在一起,按照分级管理的原则和安全问题的严重程度在看板上整合排列,如图4-1所示。部门或单位的问题看板显示本部门或单位的安全问题,安全主管部门的问题看板则显示全部的安全问题。进入安全问题看板系统后,会先显示问题看板,以起到提醒的目的。看板中的安全问题主要是各部门或单位自检自查、上级安全主管部门巡视检查时发现的问题。相关工作人员可以根据自身权限点击相应的安全问题,进而浏览问题的详细情况、整改措施和进展情况等。上级领导或安全主管部门将发现的问题添加在安全主管部门的问题看板上的同时,也会将问题自动添加搭配到存在该问题的部门或单位的看板上,并显示出来。上级领导或安全主管部门可以随时查看看板中的安全问题的限时整改情况并进行督办、催办。对于不能在时限内整改完毕或整改效果不合格的问题,由系统自动以文件或短信的方式发送给相关负责人,同时发送给安全主管部门,由其施行相应的处罚,并进一步督促整改。安全问题看板管理可使安全管理工作更加系统、更加科学,安全管理思路更加清晰,工作

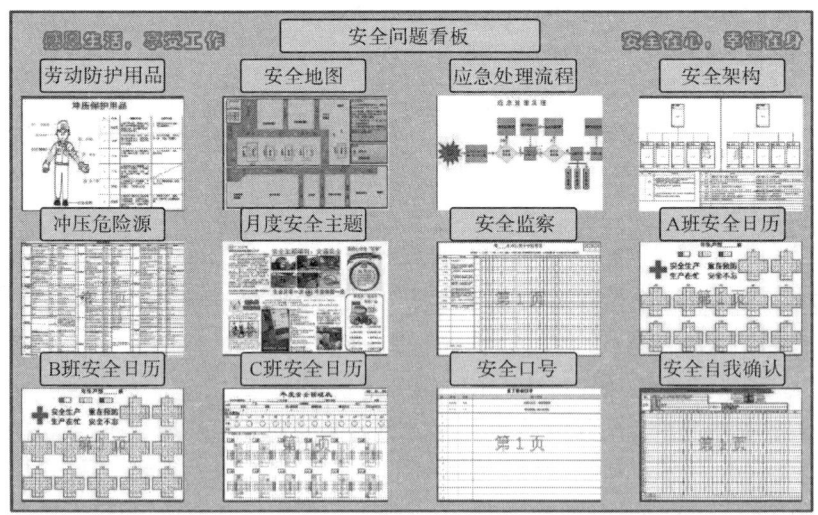

图4-1 安全问题看板示意图

重点更加明确,从而有效提高安全问题的整改效率,使安全管理工作有序、高效地进行。

(3) 安全问题分级管理。将安全问题按照严重程度分级管理,并以不同颜色区别出来,严重问题或限时整改问题为红色,一般问题为黄色。红色的问题需要该部门或单位优先处理和整改,而限时整改问题则会显示整改时间,并会在规定的时间发送提醒短信或通知。安全问题分级管理可以保证安全管理工作紧张、有序地进行,而且重点明确。对于严重的安全问题,相关人员要集中精力、优先处理,但对于一般的安全问题,工作人员也不能放松警惕。安全问题的级别不是一成不变的,它会随着时间的推移而逐渐变化,一般问题也有可能会变成严重问题。

(4) 安全问题编号管理。将安全问题按照分级管理的原则编号管理,在相关问题还没有整改完毕之前,它会一直显示在出现问题的部门或单位以及安全主管部门的问题看板上。在问题没有解决、处理,没有制定整改措施并进行效果检查之前,问题编号会一直存在,待彻底整改落实后,通过流程审批,系统才会取消问题编号。这样做可以起到时刻提醒、关注的目的。

(5) 安全问题以预防为主。系统地整理已解决的安全问题,按照违章违纪、安全隐患、安全事故等归类存储,并附以时间、问题发生的部门或单位、责任人等,实现问题库管理。当发生问题时,可以在问题库中找到相似的问题,参考、对比处理方式和整改措施,以达到提升安全问题的整改效果,预防、避免同类问题重复发生的目的。

三、精细化安全管理的要求

(一) 激励、信任和调动员工

1. 用安全责任来激励员工

激励是激发和鼓励的意思,是管理过程中不可或缺的环节和活动。有效的激励可以成为组织发展的动力保证,实现组织目标。管理者应了解员工的内在需求,加以激发,引起动机,指导行为,并且应当对员工怀有一颗爱心，这份对员工的爱，就是尊重、关心，从正面看待员工、帮助员工成长，员工在成长的过程中自然也能为企业带来效益，最终实现员工个人与组织共同的目标。激励不是单向的，而是双向的互动。

2. 信任员工

上下级之间的相互理解和信任是一种强大的精神力量，它有助于人与人之间的和谐共存，有助于单位团队精神和凝聚力的形成，对员工的信任主要体现在平等待人，尊重其劳动、职权和意见上，这种信任体现在"用人不疑，疑人不用"上，表现在放心使用上。授权是充分体现信任的一种好的方法。人人都想实现自我价值，充分授权对员工是信赖和尊重。信任可以缩短员工与管理者之间的距离，使员工充分发挥主观能动性，使企业发展获得强大的原动力。

3. 让班组的"闲人""动"起来

班组里总有一些"闲人"，他们平时的表现是：要么工作量不足，无所事事；要么被动应付工作，喜欢闲聊闲逛；要么敷衍塞责，缺乏激情。在安全生产中，这些人整体素质平平，不能胜任本岗位安全工作需要。班组领导要善于激活、用好"闲人"，关键要通过优势互补、扬长避短，让班组每位员工的安全生产积极性、创造性都得到充分的激发。调动班组"闲人"的途径主要有：

（1）班组要通过情感交流和心理沟通，做到工作上支持，生活上关心，人格上尊重，心理上满足，多进行正面鼓励，多创造机会，让他们在领导的感化下，同事的感召下，主动由"闲"变"忙"。

（2）任何一个人，总是优点和缺点并存的。班组中的"闲人"也一样，只要用得恰当，一定能发挥其身上的某些长处。用人者对"闲人"注入活力，往往会收到人尽其才的效果。

（3）在班组安全工作中，在其位要明其责，明其责才能尽其职。班组领导要根据预期的安全工作目标和面临的安全生产任务，合理安排员工，科学管理，合理分工，每个人的安全职责界限分清楚，安全工作任务分具体，并落实到每位员工的身上。

（二）班组长应具备的安全素质

1. 超前的安全意识

"安全第一、预防为主、综合治理"是企业生产应长期坚持的安全指导方针。"安全第一"说明了安全工作在生产过程中的重要地位，它是企业生产的头等大事，它与生产相比，无论在什么时候、什么场合、什么情况下，都是第一位的。为了保障生产过程中的安全，必须把安全管理的重点放在预防上，树立"预防为主"的超前意识，把工伤事故和各种职业危害消灭在萌芽状态，最终实现"综合治理"。

预防工作的重点就是要抓好"三前"意识：

（1）防在前。事实证明，很多事故都是可以避免的，之所以会发生事故，只是因为一些管理人员和操作人员缺乏安全防范意识和超前意识，忽略了平时的安全工作，未能及时发现和排除隐患，直到隐患扩大、恶化，最终造成严重的后果。要做到防患于未然，必须具备超前预测和预防事故的能力，并有"严、细、勤、实"的工作作风。还要加大安全监督管理的力度，把各项防范措施落实在事故发生之前，将事故隐患消灭在萌芽状态。只有这样，才能牢牢掌握安全工作的主动权，才能使事故的发生率降到最低点。

（2）想在前。班组的每一位员工，在每天工作之前，首先要想想安全，想想通过什么办法，采取什么措施，运用什么手段，才能保证安全生产，才能保证做到"不伤害自己，不伤害别人，不被别人伤害"。

（3）做在前。在生产过程中，对于人的不安全行为、物的不安全状态、环境的不安全因素、管理工作中存在的问题和尚未整改的缺陷等，管理者要事先鉴别和判断可能导致伤害事故发生的各种因素，特别是重大事故的隐患，要及时采取措施，消除事故隐患并防止事故的发生。

2. 认真负责的工作态度

在班组现实工作中，大多数员工责任意识是比较强的，工作中是认真负责的，工作成效也是显著的。但也有不少员工责任意识淡薄，缺乏应有的责任心和敬业精神，不仅会影响到个人的形象，对所在企业或班组的影响也是极为不利的。因此，强化责任意识，勤勉敬业，是对员工的一贯要求，特别是班组长，必须具有认真负责的工作态度。班组长要求别人做到的，自己应首先做到；要求下级做到的，自己应首先做到。班组长要带头严格遵守工作制度和工作纪律，做到雷厉风行、令行禁止，高效率地做好本职工作。

3. 丰富生产实践经验

优秀的班组长不仅要有丰富的生产实践经验，掌握着非常娴熟、高超的生产技术，同时也要有非常出色的日常管理能力，包括专业能力、解决问题的能力以及处置危机的能力。

4. 一定的科学文化知识

班组长需要给自己树立一定的目标，并通过不断的学习和实践充实自己，多角度、全方位锻炼和提高自己。

本 章 小 结

1. 班组安全教育培训的着力点在于用安全理念铸造灵魂、用知识技能提升素质。应围绕"铸魂"和"提素"两个着力点，形成安全理念引领体系和安全技能培训体系。班组安全教育培训的内容一般分为：安全理念培训、安全技能培训、典型经验和事故教训教育等。通过教育培训，使员工掌握企业的安全操作规程、安全生产规章制度，以及作业岗位安全风险辨识的能力。

2. 特种作业包括：电工作业、焊接与热切割作业、高处作业、制冷与空调作业、矿山（煤矿、金属非金属矿山）安全作业、石油天然气安全作业、冶金（有色）生产安全作业、危险化学品作业、烟花爆竹安全作业和其他作业。特种作业人员应培训并考核合格，取得特种作业操作证，方可上岗。

3. 安全管理精细化就是要求将项目中存在的风险点进行分解、细化、制定相应的防护措施，以降低事故发生的概率。常见的班组现场精细化安全管理有安全走动式管理、现场定置管理、看板管理等。

复习思考题

1. 班组安全教育主要包括哪些内容?
2. 班组安全教育主要有哪些形式和方法?
3. 特种作业的范围包括哪些?
4. 特种作业人员上岗的要求有哪些?
5. 特种作业操作证的考核和复审要求是什么?
6. 班组现场精细化安全管理方法有哪些?

第五章 职业健康

本章学习目标
1. 掌握工作场所存在的主要职业病危害因素。
2. 掌握尘肺病的种类及预防措施。
3. 熟悉常见的职业中毒类型。
4. 熟悉高温作业的相关规定及高温伤害的预防措施。

第一节 企业存在的主要职业病危害因素

不同的工作条件会产生各种不同的职业病危害因素，在一定条件下，它们会对从业人员的健康产生不良影响，导致职业性病损。这些职业病危害因素一般可以归纳为三种类型。

一、生产工艺过程中产生的职业病危害因素

（一）化学因素

1. 生产性毒物

生产性毒物主要包括铅、锰、铬、汞、有机氯农药、有机磷农药、一氧化碳、二氧化碳、硫化氢、甲烷、氨、氮氧化物等。接触或在存在这些毒物的环境中作业，可能引起多种职业中毒，如汞中毒、苯中毒等。

2. 生产性粉尘

生产性粉尘主要包括滑石粉尘、铅粉尘、木质粉尘、骨质粉尘、合成纤维粉尘等。长期在存在这些生产性粉尘的环境中作业，可能引起各种尘肺，如石棉肺、煤肺、金属肺等。

（二）物理因素

1. 噪声和振动

强烈的噪声作用于听觉器官，可引起职业性耳聋等疾病；长期

在强烈振动环境中作业，会引起振动病。

2. 非电离辐射

非电离辐射主要包括紫外线、红外线、射频辐射、激光等。

3. 异常气象条件

异常气象条件主要包括高温、高湿、低温等。

4. 异常气压

异常气压主要是指高气压和低气压。潜水作业在高压下进行，突然回到正常气压环境可能引发减压病；高山和航空作业，可能引发高山病或航空病。

5. 电离辐射

电离辐射主要包括放射性同位素、放射线（如 X 射线）等。

（三）生物因素

生物因素主要包括附着于皮毛上的炭疽杆菌、蔗渣上的真菌等。

二、劳动过程中的职业病危害因素

（1）工作组织和制度不合理，如不合理的工作作息制度等。

（2）精神（心理）性职业紧张。

（3）劳动强度过大或生产定额不当，如安排的作业或任务与劳动者生理状况或体力不相适应。

（4）个别器官或系统过度紧张，如眼部紧张导致视力模糊等。

（5）长时间处于不良体位或使用不合理的工具等，如不符合人机工效学设计要求的显示装置、控制台和座椅等。

三、生产环境中的职业病危害因素

（1）自然环境中的因素，如炎热季节的太阳辐射。

（2）厂房建筑或布局不合理，如采光照明不足，通风不良，有毒与无毒的工段安排在同一车间。

（3）工作过程不合理或管理不当所致环境污染，如氯碱厂泄漏氯气，导致处于下风侧的无毒生产岗位的作业人员吸入了氯气。

第二节　常见的职业病及预防

一、尘肺危害及预防

（一）生产性粉尘定义及其分类

1. 生产性粉尘定义

生产性粉尘是指在生产中形成的，能长时间悬浮在空气中的固体微粒。在金属的研磨、切削，矿石或岩石的钻孔、爆破、破碎、磨粉以及粮谷加工等过程中均可能有大量粉尘外溢。生产性粉尘对人体有多方面的不良影响，尤其是含有游离二氧化硅的粉尘，能引起严重的职业病——矽肺。

2. 生产性粉尘分类

根据生产性粉尘的性质可将其分为三类：

（1）无机性粉尘。主要包括矿物性粉尘，如煤、硅石、石棉、滑石的粉尘等；金属性粉尘，如铁、锡、铝、铅、锰的粉尘等；以及人工无机性粉尘，如水泥、金刚砂、玻璃纤维的粉尘等。

（2）有机性粉尘。主要包括植物性粉尘，如棉、麻、面粉、木材、烟草、茶的粉尘等；动物性粉尘，如兽毛、角质、骨质、毛发的粉尘等；以及人工有机性粉尘，如有机燃料、炸药、人造纤维的粉尘等。

（3）混合性粉尘。混合性粉尘是指上述各种粉尘的混合物。在生产环境中，最常见的是混合性粉尘。

（二）生产性粉尘的致病机理

生产性粉尘的理化性质不同，对人体的危害性质和程度也不同。在卫生学上有意义的粉尘理化性质包括分散度、溶解度、密度、形状、硬度、荷电性、爆炸性及其化学成分等。此外，生产性粉尘对人体的危害受粉尘吸入量及其毒性以及个体差异的影响。

一般只有几微米以下的细小粉尘能进入肺泡导致慢性肺脏疾病。粉尘进入肺泡后，肺泡内的巨噬细胞视粉尘为异物将其吞噬，导致一系列复杂的人体反应，促使肺组织纤维化，使受影响的肺泡逐渐失去换气功能而"死亡",当有大量肺泡"死亡"时,就会导致尘肺病,人将感觉胸闷、呼吸困难。尘肺病有许多并发症,如肺气肿、肺部感染、肺结核等,病人最终往往因无法呼吸而死亡。

一般认为,矽肺的发生和发展与从事接触矽尘作业的工龄、粉尘中游离二氧化硅的含量、二氧化硅的类型,以及生产场所粉尘浓度、分散度、防护措施和个体条件等有关。劳动者一般在接触矽尘5~10年才发病,有的可长达15~20年。接触高浓度游离二氧化硅的粉尘,也有1~2年发病的。其机理是由于矽尘进入肺部后,引起肺泡的防御反应,成为尘细胞。其基本病变是矽结节的形成和弥漫性间质纤维增生,主要引起肺纤维化改变。

(三)生产性粉尘引起的职业病

生产性粉尘的种类繁多,理化性质不同,对人体所造成的危害也是多种多样的,其病理性质可概括为如下几种:

(1)全身中毒性,主要是由铅、锰、砷化物等粉尘所引起的。

(2)局部刺激性,主要是由生石灰、漂白粉、水泥、烟草等粉尘所引起的。

(3)变态反应性,主要是由大麻、黄麻、面粉、羽毛、锌烟等粉尘所引起的。

(4)光感应性,主要是由沥青粉尘所引起的。

(5)感染性,主要是由附着病原菌的破烂布屑、兽毛、谷粒等粉尘所引起的。

(6)致癌性,主要是由铬、镍、砷、石棉及某些光感应性和放射性物质的粉尘所引起的。

(7)尘肺,主要是由煤尘、矽尘所引起的。

(四)尘肺病

生产性粉尘引起的职业病中,以尘肺最为严重。2022年,全国共报告各类职业病新病例11 108例,其中约68%是职业性尘肺病(7 577例),主要分布在采矿业,且病人呈现年轻化趋势。

尘肺是人们在工农业生产中由于长期吸入生产性粉尘所引起的以肺组织纤维病变为主的全身性疾病。《职业病分类和目录》列出了13种法定尘肺，即矽肺、煤工尘肺、石墨尘肺、碳黑尘肺、石棉肺、滑石尘肺、水泥尘肺、云母尘肺、陶工尘肺、铝尘肺、电焊工尘肺、铸工尘肺及根据《尘肺病诊断标准》和《尘肺病理诊断标准》可以诊断的其他尘肺病。其致病粉尘及易发工种详见表5-1。

表5-1 《职业病分类和目录》中各种尘肺的致病粉尘及易发工种

尘肺	致病粉尘	易发工种
矽肺	矽尘（在我国可理解为含游离二氧化硅10%以上的粉尘）	采矿、建材（耐火、玻璃、陶瓷）、铸造、石粉加工工业中的各种接尘工种均可发生。其中最典型的是由石英粉尘引起的矽肺，发病率高，发病工龄短，进展快，病死率高，是危害最严重的尘肺
煤工尘肺	煤尘、岩石尘、煤岩混合尘	主要发生在煤矿的采煤工、选煤工、煤炭运输工、岩巷掘进工、混合工（主要是采煤和岩石掘进的混合）
石墨尘肺	石墨尘	石墨开采与石墨制品（坩埚、电极、电刷）工业中的各工种
碳黑尘肺	碳黑尘	生产和使用碳黑（主要是橡胶、油漆、电池行业）的各工种
石棉肺	石棉尘	主要是石棉厂、石棉制品厂的各工种，以及石棉矿的采矿工和选矿厂的选矿工
滑石尘肺	滑石尘	滑石开采、选矿、粉碎各工种及使用滑石粉的工种
水泥尘肺	水泥尘	水泥厂以及水泥制品厂中的接尘工种
云母尘肺	云母尘	开采云母和制作云母制品的各工种
陶工尘肺	陶瓷原料、坯料（混合料）及匣钵料粉尘	陶瓷厂中的原料工、成型工、干燥工、烧成工、出窑工等
铝尘肺	金属铝尘、氧化铝尘	炼铝和生产氧化铝的工种
电焊工尘肺	电焊烟尘	各类工业中的电焊工，其中造船厂、锅炉厂中在密闭场所作业的电焊工最易发
铸工尘肺	铸造尘（型砂尘）	主要有型砂工、选型工、清砂工、喷砂工
其他尘肺	其他粉尘	根据《尘肺诊断标准》和《尘肺病理诊断标准》可诊断的尘肺

1. 引发尘肺的主要因素

职工在粉尘场所从事生产劳动时引起的尘肺病，主要与下列因素有关。

（1）与粉尘在作业场所空气中的含量有关。含量越高，越容易引发尘肺，且发病时间越短，病变速度越快。

（2）与粉尘的粒径和性质有关。粒径越小，越容易通过人体的呼吸道进入肺泡，并沉积于其中；化学活性越强，越易引起肺组织纤维病变。

（3）与接触粉尘的时间有关。作业场所粉尘浓度越高，接触粉尘累计时间越长，吸入粉尘的量越大，引发尘肺的可能性越高。

（4）与劳动强度有关。劳动强度越大，人体新陈代谢的耗能速度越快，吸入的空气量随之增多，肺泡中沉积粉尘的量也就越大。

（5）与个体差异和防护有关。同样作业环境下，体质差的人、患有慢性病的人更易引发尘肺；不使用劳动防护用品和使用不当者，较正确使用劳动防护用品者更易引发尘肺。

2. 尘肺的预防

尘肺是完全可以预防的，关键在于防尘。防尘工作做好了，劳动环境中的粉尘浓度就会大幅度下降；达到国家规定的卫生标准，就基本上可以防止尘肺的发生。防尘的主要措施有以下几种。

（1）改革工艺过程，革新生产设备，是消除粉尘危害的根本途径。应从生产工艺设计、设备选择等各个环节做起。如采用封闭式风力管道运输、负压吸砂等消除粉尘飞扬，用无硅物质代替石英等。此外，产尘工艺装备在出厂前就应达到防尘要求。

（2）湿式作业是一种经济易行的防止粉尘飞扬的有效措施。凡是可以湿式生产的作业均应使用。例如，矿山的湿式凿岩、冲刷巷道、净化进风等，石英、矿石等的湿式粉碎或喷雾洒水，玻璃陶瓷业的湿式拌料，铸造业的湿砂造型、湿式开箱清砂、化学清砂等。

（3）密闭吸风除尘。对不能采取湿式作业的产尘岗位，应采用密闭吸风除尘方法。凡是能产生粉尘的设备均应尽可能密闭，并用局部机械吸风，使密闭设备内保持一定的负压，防止粉尘外溢。抽出的含尘空气必须经过除尘净化处理才能排出，避免污染大气。

在进行工艺改革和采取防尘技术措施控制扬尘的同时，还必须从以下四个方面做好自我防护工作。

（1）加强个体防护。在生产环境粉尘浓度暂时不能降到容许浓度以下时，佩戴防尘口罩防止粉尘危害就成为重要的防护措施。正确使用其他防护用品也是防止粉尘接触的有效手段。

（2）确保尘肺患者能得到合适的安排，享受国家政策规定的相关待遇，对其进行劳动能力鉴定，并妥善安置。

（3）加强尘肺患者的自身抵抗力，如经常到空气新鲜的地方锻炼身体；有条件的应定期疗养，加强食物营养，经常吃蛋白质、维生素含量较高的食物。

（4）定期体检，尽早发现粉尘对健康的损害，若发现有不宜从事粉尘作业的疾病时，应及时调离。对新从事粉尘作业的作业人员，必须进行健康检查。

二、职业中毒危害及预防

（一）职业中毒的定义

职业中毒是指劳动者在生产过程中过量接触生产性毒物引起的中毒。

例如，一名作业人员在生产过程中遇到大量氯气泄漏，而又因种种原因未能采取有效的个人防护，吸入高浓度氯气，产生胸闷、憋气、剧烈的咳嗽和痰中带血，这就构成了氯气中毒。由于这种中毒是在生产过程中形成的，与所从事的作业密切相关，所以称为职业中毒。

（二）生产性毒物进入人体的途径

生产性毒物进入人体的途径有三种，分别是呼吸道、皮肤和消化道。其中最主要的途径是经呼吸道进入人体，其次是经皮肤进入人体，经消化道进入人体的，仅在特殊的情况下发生。

1. 呼吸道

呼吸道是工业生产中毒物进入人体的最重要的途径。凡是以气体、蒸气、雾、烟、粉尘形式存在的毒物，均可经呼吸道侵入人体。人的肺脏由亿万个肺泡组成，肺泡壁很薄，壁上有丰富的毛细血管，毒物一旦进入肺脏，很快就会通过肺泡壁进入血液循环而被运送到全身。

2. 皮肤

在工业生产中，毒物被皮肤吸收引起的中毒也比较常见。皮肤有损伤或患皮肤病，会使毒物更容易通过皮肤进入人体，促进毒物被皮肤吸收。毒物被皮肤吸收后，并不经过肝脏转化、解毒，而是直接进入血液循环进而分布于全身。

3. 消化道

在生产环境中，毒物经消化道进入人体较为少见。毒物经消化道进入人体多半是由于个人卫生习惯不良而引起的，如手沾染的毒物随进食、饮水或吸烟等进入消化道；进入呼吸道的难溶性毒物被清除后，可经由咽部而进入消化道。

（三）职业中毒的类型

职业中毒按发病过程可分为三种类型。

1. 急性中毒

毒物一次性或短时间内大量进入人体会导致急性中毒，多数由生产事故或违反操作规程所引起的。

2. 慢性中毒

毒物长期、少量进入人体会导致慢性中毒，绝大多数是由毒物的蓄积作用引起的。

3. 亚急性中毒

亚急性中毒介于以上两者之间，是在短时间内有较大量毒物进入人体所产生的中毒现象。

（四）常见职业中毒

1. 铅中毒

（1）铅中毒危害。铅及其化合物都具有一定的毒性，进入人体后对神经、造血、消化、肾脏、心血管和内分泌等多个系统产生危害。目前常见的铅中毒大多属于轻度慢性铅中毒，主要病变原理是铅对体内金属离子和酶产生影响，引起植物神经功能紊乱、贫血、免疫力低下等。铅中毒会对人体很多脏器产生影响，其表现包括恶心、呕吐、食欲不振、腹胀、便秘、便血、腹绞痛、眩晕、烦躁不安、失眠、嗜睡、易激动、面色苍白、心悸、气短、腰痛、水肿、蛋白尿、血尿、管型尿，严重者还可出现肾衰竭。若孕妇在怀孕期间不慎铅中毒，还会造成流产、胚胎死亡或胚胎畸形等后果。

交警、司机以及铅冶炼车间的工作人员，蓄电池、油漆、颜料、塑料等生产企业和印刷、石油、化工、电子等行业的工作人员是易受铅污染危害的人群。

（2）预防铅中毒的措施包括以下几项。

①用无毒物质或者低毒物质代替铅。

②加强通风和烟尘的回收来降低空气中的铅浓度。

③定期测定车间空气中的铅浓度。

④加强个人防护，建立定期检查制度。如作业人员必须穿工作服、戴过滤式防尘口罩；严禁在车间内吸烟、进食；班中吃东西或喝水必须洗手、洗脸及漱口；严禁穿工作服进入食堂、出厂等。

⑤定期检修设备。

2. 汞中毒

（1）汞中毒危害。汞是一种具有严重生理毒性的化学物质。它可以通过呼吸道、消化道和皮肤进入人体，人体吸收过量的汞会引起汞中毒。环境中任何形态的汞均可在一定条件下转化成剧毒的甲基汞。甲基汞进入人体后主要侵害人的神经系统，尤其是中枢神经系统。甲基汞可以穿过胎盘屏障侵害胎儿，使新生儿发生先天性疾病。汞污染还可导致心脏病、高血压等心血管疾病，并可影响人的肝、甲状腺和皮肤功能。

接触汞的作业有：汞矿开采、冶炼与成品加工，仪表制造、维修或使用，电气材料制造和维修，化工氯碱生产，化工生产中用汞作催化剂，用汞齐法提取金、银，用金汞齐镀金和镏金，用雷汞作起爆剂等。

（2）预防汞中毒的措施包括以下几项。

①改进工艺或改用代用品，含汞的装置要尽量密闭。

②工作场所室温不能过高，以减少汞的蒸发，并加强通风排毒。

③车间的地面、操作台等处宜用不吸附汞的光滑材料，操作台和地面应有一定的倾斜度，以便清扫和冲洗，底部应有储水的汞吸收槽。

④加强个人防护。车间内汞浓度较高时，应戴防毒口罩或用2.5%~10%碘处理过的活性炭口罩；上班时穿工作服和戴工作帽，离开车间应脱去工作服和工作帽；班后应沐浴更衣。

⑤定期监测空气中汞的浓度，及时了解作业人员接触汞的程度和环境状况。

⑥定期对作业人员进行职业健康检查，早期发现患者并及时处理。

3. 锰中毒

（1）锰中毒危害。吸入高浓度的高锰酸钾尘后可出现呼吸道黏膜刺激症状，吸入大量新生的氧化锰数小时内可发生"金属烟热"。锰慢性中毒或轻度中毒发病时症状为嗜睡、失眠、头痛、乏力等；中度中毒除有轻度中毒的症状以外还有举止缓慢、易跌倒、口吃等症状；重度中毒的症状有动作缓慢笨拙、语言含糊不清、走路身体前倾、不由自主地哭笑、智能下降等。

易发生锰中毒的作业有：锰矿开采、运输和加工，用锰焊条电焊，制造锰铜、铝锰等合金，以及油漆、染料、陶瓷、火柴、化肥和防腐剂等行业的作业。

（2）预防锰中毒的措施包括以下几项。

①加强通风除尘，避免二次扬尘。

②采用湿式采矿，湿式或密闭粉碎。

③焊接作业尽量采用无锰焊条；用自动电焊代替手工电焊。

④手工电焊时，使用局部机械抽风吸尘装置。

⑤接触锰作业要采取防尘措施，必须戴防毒口罩。

⑥工作场所禁止吸烟、进食，工作后淋浴更衣。

⑦定期体检。

4. 砷中毒

（1）砷中毒的危害。砷的氧化物和砷盐大部分属于高毒物质，砷化氢属于剧毒物。砷化氢急性中毒的症状有头痛、全身无力、腰痛、黄疸和贫血，严重者会高热、昏迷、皮肤变为古铜色，甚至可因急性心衰或尿毒症死亡。砷化物慢性中毒的危害有多发性神经炎、胃肠道症状或肝脏损害等。

接触砷及其化合物的作业有：冶炼夹杂砷化物的矿石，生产和使用含砷农药，生产和使用含砷颜料，酸处理含砷金属制品等。

（2）预防砷中毒的措施包括以下几项。

①加强通风除尘。

②进食前要漱口、洗脸、洗手，下班后淋浴，更换清洁衣服、鞋、袜。

③使用专用防毒口罩、紧口工作服等。

④定期检查身体，发现中毒及时治疗。

⑤有砷职业禁忌证者不应从事含砷作业。

5. 一氧化碳中毒

（1）一氧化碳中毒的危害。一氧化碳轻度中毒会使人头痛、眩晕、胸闷、恶心、呕吐、耳鸣等，若吸入过量的一氧化碳会使人意识模糊、大小便失禁，乃至昏迷、死亡。

接触一氧化碳的作业有：炼钢、炼铁、炼焦，采矿业，铸造、锻造车间的作业；以一氧化碳为原料的化工制造业的作业；接触窑炉、煤气发生器和煤气炉的作业。

（2）预防一氧化碳中毒的措施包括以下几项。

①冬天屋内生煤炉取暖必须使用烟囱，使一氧化碳能够顺利排到室外。

②经常监测一氧化碳浓度变化。

③定期检修煤气发生炉和管道及煤气水封设备。

④产生一氧化碳的生产过程要加强密闭通风；矿井放炮后必须通风 20 min 以上，方可进入生产现场。

⑤进入危险区作业时，须戴防毒面具；作业完成后，应立即离

开,并适当休息;作业时最好多人同时进行,便于发生意外时自救和互救。

6. 氯中毒

(1)氯中毒的危害。氯浓度低时导致的中毒,只对眼部和上呼吸道有灼伤和刺激作用;浓度高时则会引起植物神经反射性心搏骤停而出现"电击样"死亡。

接触氯的作业有:氯气储运,以氯为原料生产氯化合物,以及颜料业、制药业、造纸和印染工业、冶金工业的作业等。

(2)预防氯中毒的措施包括以下几项。

①严格遵守安全操作规程,防止氯气"跑、冒、滴、漏",保持管道负压。

②要经常检修设备和管道,避免氯气的强腐蚀性造成设备和管道破损;储存液氯的钢瓶在灌注前要仔细检查,防止泄漏。

③含氯废气需经石灰净化再排放。

④作业、检修或现场抢救时必须佩戴防护面具。

⑤使用液氯的场所要通风良好,最高温度不能超过40 ℃,禁止露天存放液氯气瓶。

⑥氯气生产、使用、运输、储存等现场应配备有效的防护用品和消防器材等。

⑦工作现场禁止吸烟、进食和饮水;工作后淋浴更衣。

7. 氰化物中毒

(1)氰化物中毒的危害。氰化物急性中毒表现为眼部及呼吸道刺激、恶心、心慌、神志模糊、痉挛、感觉减退直至死亡。氰化物慢性中毒表现为神经衰弱综合征、运动肌肉酸痛和心跳徐缓、肝脾肿大等。

接触氰化物的作业有:电镀、金属表面渗碳及摄影(冲洗加工),从矿石中提炼贵重金属,氰化物、活性染料制造,塑料、高级油漆、有机玻璃、人造羊毛、合成橡胶生产等。

(2)预防氰化物中毒的措施包括以下几项。

①加强密闭通风。

②生产车间需设有急性中毒急救箱,操作人员要具备现场应急

救护能力。

③生产车间内严禁吸烟，饮水、进食前洗手，工作后淋浴更衣；被毒物污染的衣物要单独存放。

④就业前要进行体检，作业人员要定期进行体检。

8. 苯中毒

（1）苯中毒的危害。急性苯中毒主要表现为神经系统症状和呼吸系统症状，轻者出现头晕、头痛、酒醉感、走路不稳、咽干、咽痛以及咳嗽等，严重者可出现昏迷、抽搐、谵妄甚至死亡；慢性苯中毒以血液系统损害最为明显，可导致再生障碍性贫血、骨髓增生异常综合征和白血病等。

近年我国职业性苯中毒事故多发生在制鞋、箱包、玩具、电子、印刷、家具等行业，多由含苯的胶黏剂、天那水、硬化水、清洁剂、开油水、油漆等引起。此外，容易发生苯中毒的作业还有：以苯为化工原料生产香料、药物、合成纤维、合成橡胶、合成塑料、合成染料等的相关作业；苯作溶剂和稀释剂等的相关作业。

（2）预防苯中毒的措施包括以下几项。

①加强宣传教育，使企业领导和一线作业人员充分认识苯的危害性和中毒的可预防性。

②苯的制取及以苯为原料的工业，应尽量做到生产过程密闭化、自动化，防止管道"跑、冒、滴、漏"，生产车间应有良好的通风设备，加强通风。

③涂料行业尽可能用无毒或低毒物质代替苯作溶剂，改进喷漆作业方式，如静电喷漆。

④胶黏剂尽量不用苯作溶剂，如使用汽油或甲苯等毒性较低的溶剂。

⑤在无法消除高浓度苯的情况下，如处理事故、检修管道时，必须佩戴有效的防毒口罩或送风面罩，以免吸入苯造成中毒。

⑥加强有毒场所空气中苯浓度检测，发现超标后，立刻处理。

⑦做好作业人员的健康监护，上岗前应做体格检查，严格控制职业禁忌证，就业后应定期做体检，发现问题及时调离，积极诊治。

三、噪声危害及预防

工厂各类设备的运转以及工件的生产、制作时的撞击,均会产生较大的噪声。噪声会对人体产生不良影响,长期接触强烈的噪声甚至会引起噪声病。噪声对人体影响最主要的是听觉系统,而且对其他系统也会产生不良的作用。另外,作业点强烈的噪声有时会掩盖报警提示音,导致设备损坏和人员伤害。

(一)生产性噪声的分类及来源

在生产中,机器转动、气体排放、工件撞击与摩擦所产生的噪声,称为生产性噪声或工业噪声,可归纳为以下三类。

1. 空气动力噪声

气体压力变化引起气体扰动,以及气体与其他物体相互作用所产生的噪声。例如,各种风机、空气压缩机、风动工具、喷气发动机、汽轮机等发出的噪声,以及由于压力脉冲和气体排放发出的噪声。

2. 机械性噪声

机械撞击、摩擦或质量不平衡旋转等机械力作用下引起固体部件振动所产生的噪声。例如,各种车床、电锯、电刨、球磨机、砂轮机、织布机等发出的噪声。

3. 电磁性噪声

电磁场脉冲引起电气部件振动所产生的噪声。如电磁式振动台和振荡器、大型电动机、发电机和变压器等产生的噪声。

能产生噪声的作业种类很多,受强烈噪声作用的主要工种有:使用各种风动工具的作业人员(如机械工业中的铆工、铲边工、铸件清理工,采矿、水利及建筑工程的凿岩工等)、纺织工、发动机试验人员、钢板校正工、拖拉机手、飞机驾驶员和炮兵等。

(二)噪声对人体的影响

1. 对听觉的影响

(1)听觉位移。听觉位移就是听觉上的一种幻觉,即声音在时间及空间上的不确定性,有时表现为声音滞后,它分为暂时性听觉位移和永久性听觉位移，属于听觉系统功能性改变。发生暂时性听觉位移的人脱离噪声影响一段时间后，听力一般可以恢复。但是，如果长期接触噪声并没有采用有效的防护措施的话，就容易发生永久性听觉位移。

（2）噪声聋。噪声聋是指作业人员在工作场所中由于长期接触噪声而引发的一种渐进性的感音性听觉损害。我国已将噪声聋确定为法定职业病。噪声聋的发病与接触噪声的强度、频率、工龄，作业人员年龄，作业中有无伴随振动、是否缺氧等因素有关。噪声聋首先表现在高频范围，一般 4 000 Hz 左右的声波会首先引起听力损失。随着工龄的增加，这种听力损失的范围将会逐渐延伸到 3 000～6 000 Hz。由于语言频率一般为 500～1 000 Hz，因此，这时人们在主观上还没有感到听力降低。当听力损失影响到语言频率的范围时，就会感到听他人说话变得困难，这时实际已经发展到中度噪声聋了。

《职业性噪声聋的诊断》（GBZ 49—2014）中第 3 条规定了职业性噪声聋诊断原则，根据连续 3 年以上职业性噪声作业史，出现渐近性听力下降、耳鸣等症状，纯音测听为感音神经性聋，结合职业健康监护资料和现场职业卫生学调查，进行综合分析，方可诊断。第 4 条规定了诊断分级标准，符合双耳高频（3 000 Hz、4 000 Hz、6 000 Hz）平均听阈≥40 dB 者，根据较好耳语频（500 Hz、1 000 Hz、2 000 Hz）和高频 4 000 Hz 听阈加权值进行诊断和诊断分级；轻度噪声聋：26～40 dB；中度噪声聋：41～55 dB；重度噪声聋：≥56 dB。

2. 对神经、消化、心血管系统的影响

（1）可引起头痛、头晕、记忆力减退、睡眠障碍等神经衰弱综合征。

（2）可引起心率加快或减慢，血压升高或降低等改变。

（3）可引起食欲不振、腹胀等胃肠功能紊乱。

（4）可对视力、血糖产生影响。

（三）噪声的控制

噪声控制的方法主要包括以下几种。

1. 工程控制

在设备采购上,要考虑设备的低噪声、低振动。从设计上寻找的噪声问题解决方案包括,使用更为"安静"的工艺过程(如用压力机替代汽锤等),设计具有弹性的减振器托架和联轴器,在管道设计中尽量减少其方向及速度上的突然变化,降低旋转式和往复式设备的运转速度。

2. 方向和位置控制

把噪声源移出作业区或者转动机器的方向。

3. 封闭

将产生噪声的机器或其他噪声源用吸音材料包围起来。不过,除了在全封闭的情况下,这种做法的效果有限。

4. 使用消声器

当气体或者蒸汽从管道中流动或排出时,可以用消声器降低噪声。

5. 外包消声材料

作为替代封闭的办法,可用在运送蒸汽及高温液体的管道的外面。

6. 减振

通过增设专门的减振垫、坚硬肋状物或者双层结构来实现。

7. 屏蔽

可有效减少噪声的直接传递。

8. 吸声处理

从声学上进行设计,用墙壁和天花板来吸收噪声。

9. 隔离作业人员

无关人员不要进入高噪声作业环境。即使短时间进入这种环境而暴露在高声压的噪声下,也会超过允许的日剂量。

10. 个体防护

提供耳塞或者耳罩。这应看成最后一道防线。需要佩戴劳动防护用品的区域要明确标明,对防护用品的使用方法及使用原因都要讲清楚,要有适当的培训。

11. 健康监护

对上岗前的职工进行体检，检查职业禁忌证，如听觉系统疾患、中枢神经系统疾患、心血管系统疾患等。对在岗职工则进行定期的体检，以尽早发现听力损伤。

《工业企业噪声控制设计规范》（GB/T 50087—2013）规定的工业企业的生产车间噪声限值为85 dB（A）。生产车间噪声限值为每周工作5天，每天工作8 h等效声级；对于每周工作5天，每天工作时间不是8 h，需计算8 h等效声级；对于每周工作日不是5天，需计算40 h等效声级。

四、高温危害及预防

在工业生产中，由于高温车间内存在着多种热源，或由于夏季露天作业受太阳热辐射的影响，常会产生高温、高湿或高温伴随强热辐射等特殊气象条件。在这种环境下进行的生产劳动，统称为高温作业。我国制定的高温作业分级标准规定，高温作业是指在生产劳动过程中，其工作地点平均湿球黑球温度（WBGT）指数大于或等于25 ℃的作业。

（一）高温作业的种类

1. 高温、高湿作业

高温、高湿作业环境的气象特点是气温高、相对湿度高，而热辐射较弱。主要是由于生产过程中产生大量水蒸气或生产上要求车间内保持较高的相对湿度所致。如印染、缫丝、造纸等工业中液体加热或蒸煮时，车间气温在35 ℃以上，相对湿度在90%以上；潮湿的深矿井内气温在30 ℃以上，相对湿度在95%以上，若通风不良就会形成高温、高湿和低气流的不良气象条件，即湿热环境。

2. 高温伴随强热辐射作业

高温伴随强热辐射作业的特点是气温高、热辐射强度大、相对湿度低，形成干热环境，这类作业场所都有强烈的热辐射源，室内外气温差在10 ℃以上，以对流热和热辐射的形式作用于人体。例如，冶金工业的炼焦、炼铁、炼钢、轧钢等车间；机械制造工业的铸造、锻造、热处理等车间；陶瓷、玻璃、搪瓷、砖瓦等的炉窑车间；火力发电厂和轮船等的锅炉车间等。

3. 夏季露天作业

夏季在农田劳动，或从事建筑、搬运等露天作业，除受太阳的热辐射作用外，还会受到被加热的地面和周围物体放出的热辐射。

（二）高温对人体的影响

1. 对生理功能的影响

（1）体温的调节。高温作业的气象条件、劳动强度、劳动时间及人体的健康状况等因素，对体温调节都有影响。

（2）水盐代谢。高温作业时，排汗显著增加，可导致人体损失水分、钠、钾、钙、镁、维生素等，如不及时补充，可导致机体严重脱水、循环衰竭、热痉挛等。

（3）循环系统。高温作业时，心血管系统经常处于紧张状态，可导致血压发生变化。高血压的患病率随着高温作业工龄的增加而增加。

（4）消化系统。高温作业可引起食欲减退、消化不良。因此，胃肠道疾病的患病率随高温作业工龄的增加而增加。

（5）神经内分泌系统。高温作业时，人体易出现中枢神经抑制，注意力、工作能力降低，易发生工伤事故。

（6）泌尿系统。由于大量水分经汗腺排出，如不及时补充，可出现肾功能不全、蛋白尿等。

2. 中暑性疾病

按发病机制和临床表现的不同，中暑性疾病分为三种类型。

（1）热射病。由于体内产热和受热超过散热，引起体内蓄热，导致体温调节功能发生障碍。热射病是中暑性疾病中最严重的一种，病情危重，死亡率高。

热射病的典型症状为：急骤高热，体温常在41 ℃以上，皮肤干燥，热而无汗，有不同程度的意识障碍，重症患者可有肝肾功能异常等。

（2）热痉挛。主要是由于水和电解质的平衡失调所致。

热痉挛的典型症状为：明显的肌痉挛伴有收缩痛，痉挛呈对称性，轻者不影响工作，重者痉挛甚剧。患者神志清醒，体温正常。

（3）热衰竭。主要是由于高温引起外周血管扩张和大量失水造成循环血量减少，颅内供血不足而导致的。

热衰竭的典型症状为：先有头晕、头痛、心悸、恶心、呕吐、出汗等症状，继而昏厥，血压短暂下降，一般不引起循环衰竭，体温一般不高。

（三）高温作业的防护措施

高温作业的防护主要根据各地区对限制高温作业级别的规定而采取措施。

（1）尽可能实现自动化和远距离操作等隔热操作方式，设置热源隔热屏蔽（如热源隔热保温层、水幕、隔热操作室等各类隔热屏蔽装置）。

（2）通过合理组织自然通风气流，设置全面、局部送风装置或空调降低工作环境的温度。

（3）依据相关规定，限制持续接触热时间。

（4）加强个人防护，合理组织生产，如穿白色、透气性好、导热系数小的帆布工作服；同时调整工作时间，尽可能延长午休时间，避开中午的酷热天气。加强个人保健，摄入足够的含盐清凉饮料。

解决高温作业危害的根本途径在于实现生产过程的自动化，并根据实际情况采用隔热、通风和个体防护等防暑降温措施。

五、电磁辐射危害及预防

（一）电磁辐射的分类

电磁辐射以电磁波的形式向四周空间传播，具有波的一般特征。电磁辐射的波谱很宽，按其生物学作用的不同，分为非电离辐射和电离辐射。

1. 非电离辐射

非电离辐射主要有射频辐射（包括高频电磁场、微波等）、红外线、紫外线、激光等。

2. 电离辐射

电离辐射主要有 X 射线、γ 射线等。波长越短,频率越高,电离辐射的能量越大,生物学作用越强。

(二) 电磁辐射的危害

1. 非电离辐射

(1) 射频辐射。一般来说,射频辐射对人体的影响不会导致组织器官的器质性损伤,主要引起功能性改变,并具有可逆性特征,在停止接触数周或数月后往往可恢复。但长期在高强度射频辐射作用下,对心血管系统的症候持续时间较长,并有进行性倾向。微波作业对人体的影响是出现中枢神经系统和植物神经系统功能紊乱,以及心血管系统的变化。

(2) 红外线。红外线能引发白内障,灼伤视网膜,在电气焊、熔吹玻璃、炼钢等作业人员中多有发生。红外线引起的职业性白内障已被列为法定职业病。

(3) 紫外线。强烈的紫外线辐射可引起皮炎,表现为弥漫性红斑,有时可出现小水泡和水肿,并有发痒、烧灼感。皮肤对紫外线的感受性存在明显的个体差异。除机体本身因素外,外界因素的影响会使敏感性增加。例如,皮肤接触沥青后经紫外线照射,能产生严重的光感性皮炎,并伴有头痛、恶心、体温升高等症状;长期受紫外线作用,可发生湿疹、毛囊炎、皮肤萎缩、色素沉着;长期受波长 $0.04 \sim 0.39\ \mu m$ 紫外线作用可引发皮肤癌。作业场所比较多见的是紫外线对眼睛的损伤,即电光性眼炎。

(4) 激光。激光对人体的危害主要是它的热效应和光化学效应造成的。激光对人体健康的影响主要是对眼部的影响和对皮肤造成的损伤。被人体吸收的激光能量转变成热能,在极短时间内(几毫秒)使机体组织局部温度升得很高($200 \sim 1\ 000\ ℃$)。机体组织内的水分受热时骤然汽化,局部压力剧增,使细胞和组织受冲击波作用,发生机械性损伤。

眼部受激光照射后,可突然出现眩光感,视力模糊,或眼前出现固定黑影，甚至视觉丧失。

2. 电离辐射

电离辐射又称放射线，是一切能引起物质电离的辐射的总称。人体在短时间内受到大剂量电离辐射会引起急性放射病。长时间受超剂量照射将引起全身性疾病，出现头晕、乏力、食欲消退、脱发等神经衰弱症候群。受大剂量照射，不仅当时机体会产生病变，而且照射停止后还会产生远期效应或遗传效应，如诱发癌症，或导致后代患小儿痴呆症等。

电离辐射引起的职业病包括：全身性放射性疾病，如急性、慢性放射病；局部性放射性疾病，如急性、慢性放射性皮炎及放射性白内障；放射所致远期损伤，如放射所致白血病。

列为国家法定职业病的有外照射急性放射病、外照射亚急性放射病、外照射慢性放射病、放射性皮肤疾病、内照射放射病、放射性肿瘤、放射性骨损伤、放射性甲状腺疾病、放射性性腺疾病、放射复合伤和其他放射性损伤共 11 种。

（三）电磁辐射的防护

1. 非电离辐射的防护

（1）对高频电磁场的防护，可以用铝、铜、铁等金属屏蔽材料来包围场源以吸收或反射场能。

（2）对微波的防护，通常是敷设微波吸收器。同时，根据微波发射具有方向性的特点，作业人员的工作位置应尽量避开辐射流的正前方。

（3）对激光的防护，主要是将激光束的防光罩与光束制动阀及放大系统截断器联锁。同时，激光操作间采光照明要好，工作台表面及室内墙壁应用深色材料装饰而成，室内不宜放置反射、折射光束的设备和物品。

2. 电离辐射的防护

（1）凡是接触电离辐射的新工人，一定要加强放射卫生防护的上岗培训。

（2）在保证应用效果的前提下，尽量选用危害小的辐射源或者封隔辐射源，提高接收设备灵敏度以减少辐射源的用量。

（3）采取包围屏蔽、加大接触距离、缩短接触时间等措施预防外照射危害。

（4）采用净化作业场所空气等办法，尽量减少或杜绝放射性物质进入人体内，避免造成内照射危害。

（5）佩戴并正确使用防护用品，主要是穿铅制成的防护服，戴防护眼罩等。

第三节 个体防护知识

根据《用人单位劳动防护用品管理规范》，个体防护用品分为十大类：防御物理、化学和生物危险、有害因素对头部伤害的头部防护用品；防御缺氧空气和空气污染物进入呼吸道的呼吸防护用品；防御物理和化学危险、有害因素对眼面部伤害的眼面部防护用品；防噪声危害及防水、防寒等的耳部防护用品；防御物理、化学和生物危险、有害因素对手部伤害的手部防护用品；防御物理和化学危险、有害因素对足部伤害的足部防护用品；防御物理、化学和生物危险、有害因素对躯干伤害的躯干防护用品；防御物理、化学和生物危险、有害因素损伤皮肤或引起皮肤疾病的护肤用品；防止高处作业劳动者坠落或者高处落物伤害的坠落防护用品；其他防御危险、有害因素的劳动防护用品。

一、头部防护用品

头部防护用品是指在劳动过程中保护人体头部免受伤害的防护用品。头部防护用品包括安全帽、防护头罩和工作帽三种，正确佩戴可在很大程度上减少头部损伤。

（一）安全帽

安全帽是防止冲击物伤害头部的防护用品，呈半球形，坚固、光滑并有一定弹性，可缓冲、分散瞬时冲击力，从而避免或减轻对头部的直接伤害。

1. 安全帽的组成结构

安全帽由帽壳、帽衬、下颏带及其他附件组成,其结构如图 5-1 所示。

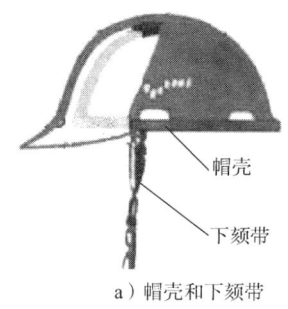
a）帽壳和下颏带

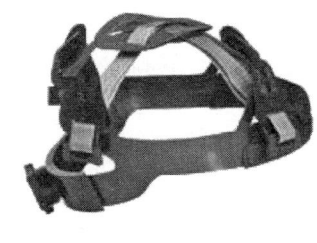
b）帽衬

图 5-1 安全帽结构图

（1）帽壳。帽壳是安全帽的主要部件,由壳体、帽舌、帽檐、顶筋等组成,一般采用椭圆形或半球形薄壳结构,这种结构在冲击压力下会产生一定的压力变形,其构成材料的刚度可以吸收和分散受力,加上表面光滑与圆形曲线易使冲击物滑走,从而减少冲击的时间。还可根据实际需要加强安全帽外壳的强度,外壳可制成光顶、顶筋、有檐和无檐等多种形式。

（2）帽衬。帽衬是帽壳内直接与佩戴者头顶部接触的部件,由帽箍、顶带、护带、吸汗带、衬垫及拴绳等组成,可用棉纱带、合成纤维带和塑料衬带制成。帽箍为环形带,在佩戴时紧紧围绕人的头部,带的前额部分衬有吸汗材料,具有一定的吸汗作用,可分为固定带和可调节带两种。

（3）下颏带。下颏带是系在下颏上、起固定作用的带子,由系带和锁紧卡组成。若帽衬没有后箍,则应采用"Y"字形下颏带。

2. 安全帽的种类及使用范围

（1）按材料不同进行分类,主要分为以下 11 种。

①玻璃钢安全帽。具有良好的耐高温、耐低温、电绝缘、耐腐蚀、耐燃烧等性能,主要用于冶金高温作业场所、油田钻井、森林

采伐、供电线路、高层建筑施工以及寒冷地区施工。

②聚碳酸酯塑料安全帽。具有抗冲击、电绝缘、耐高温等性能,主要用于油田钻井、森林采伐、供电线路、建筑施工等。

③丙烯腈-丁二烯-苯乙烯(ABS)塑料安全帽。具有抗冲击、电绝缘、耐化学腐蚀、耐100℃高温等性能,但不耐燃烧和低温,主要用于采矿、机械工业等冲击强度高的室内常温作业场所。

④超高分子聚乙烯塑料安全帽。能耐高温,但不能接触汽油,适用范围较广,如冶金、化工、矿山、建筑、机械、电力、交通运输、林业和地质等行业的工种均可使用。

⑤改性聚丙烯塑料安全帽。耐140~180℃高温,但易收缩,抗老化性能差,主要用于冶金、建筑、森林、电力、矿山井下、交通运输等行业的工种。

⑥胶布矿工安全帽。又称胶质矿工安全帽,强度高、绝缘性能好,主要用于煤矿井下、隧道、涵洞等场所的作业,该类安全帽不设下颏带。

⑦塑料矿工安全帽。除耐高温的性能强于胶布矿工安全帽外,其他性能与胶布矿工安全帽基本相同。

⑧防寒安全帽。用长绒或羊剪绒制成帽耳扇用来防寒,适合我国寒冷地区冬季野外和露天作业人员使用,如矿山开采、地质钻探、林业采伐、建筑施工和港口装卸搬运等作业。

⑨纸胶安全帽。耐140℃高温和-40℃低温,抗老化性较强,适用于户外作业防太阳辐射、风沙和雨淋。

⑩竹编安全帽。透气性好,质轻,主要用于冶金、建筑、林业、矿山、码头、交通运输等行业的工种。

⑪其他编织安全帽。主要由柳条或藤条等编制,然后对帽壳表面进行特殊处理以增加抗冲击性能和耐穿刺性能,通风散热性能良好,适用于我国南方炎热地区而无明火的作业场所使用。

(2)根据檐的尺寸分类,有大檐、中檐、卷檐三种,其尺寸分别为50~70 mm、30~50 mm、0~30 mm。

(3)按颜色进行分类,不同的地方会有不同的制度,每个企业的规定都可能有区别。一般来说,红色代表指挥人员,蓝色代表机械操作、特种作业人员，黄色代表管理人员，白色及其他颜色代表普通工人。而国家电网系统的安全帽颜色按照视觉识别系统（Ⅵ）规定：白色代表领导人员，蓝色代表管理人员，黄色代表施工人员，红色代表外来人员。根据作业环境的不同，安全帽的颜色也不同，如在爆炸性作业场所工作宜戴红色安全帽。

3. 安全帽的选用

（1）应选择合格产品。安全帽必须按《头部防护　安全帽》（GB 2811—2019）进行生产，出厂的产品应通过市场监管部门检验，符合标准要求才能发给产品合格证。在购买安全帽时，应仔细查看产品是否具有以下永久标志：GB 2811 的标准编号；制造厂名；生产日期（年、月）；产品名称；产品的分类标记；产品的强制报废期限。

（2）应选择适宜的品种。可根据性能、规格和尺寸以及款式进行选择，具体原则如下。

①根据安全帽的性能选择。每种安全帽都具有一定的技术性能指标和它的适用范围。例如，在低温作业环境，应选择耐低温的塑料安全帽［经低温（-20 ± 2）℃的环境试验，冲击吸收性能和耐穿刺性能仍符合标准要求］和防寒安全帽；在高温作业环境，应选择耐高温的塑料安全帽或玻璃钢安全帽［经高温（50 ± 2）℃的处理，冲击吸收性能和耐穿刺性能仍符合标准要求］；在电力行业，由于经常接触电网、电气设备，应选择具有电绝缘性能的安全帽；在易燃、易爆的环境中作业，应选择有抗静电性能（电阻不大于 $1\times10^9\ \Omega$）的安全帽。

②根据规格和尺寸进行选择。对安全帽的佩戴高度、水平间距、垂直间距、水平间隙严格按照国家标准进行检查。

③根据款式进行选择。大檐帽和大舌帽适用于露天作业，这种安全帽有防日晒和雨淋的作用。小檐帽适用于室内、隧道、涵洞、井巷、森林、脚手架等活动范围小，易发生帽檐碰撞的狭窄场所。

4. 安全帽的使用注意事项

（1）在戴安全帽之前，应确认帽壳无损伤、无龟裂、无磨损，帽壳有损伤的安全帽一律不准使用。使用安全帽时还要调节好帽衬和帽壳的距离（距离一般为 32 mm），以确保在碰到高空坠落物时可起到缓冲的作用，这段距离还可以达到头部通风的目的。

（2）检查安全帽使用年限，一般的塑料安全帽为 2 年，玻璃钢安全帽为 3 年，到期后使用单位必须到有关单位进行检测，合格者方可使用，不合格者予以报废。应至少每年抽检一次，按前述处理。

（3）不能私自改造安全帽，否则会损害安全帽的保护性能，不能将安全帽长时间放在高温（高于 50 ℃）、酸碱、潮湿的环境中。

（二）防护头罩

防护头罩是使头部免受火焰、腐蚀性烟雾或粉尘以及恶劣气候条件伤害的劳动防护用品，通常由头罩、面罩和披肩三部分组成，如图 5-2 所示，有的可附带通风设备以适应更苛刻的环境。为防止物体打击，防护头罩常与安全帽配合使用，常用于水泥喷浆、水泥灌装、油漆、清洁等作业，以及高温热辐射等作业场所。常用的有防热辐射铝箔保护头罩、防尘头罩、防火阻燃帆布保护头罩等。

图 5-2　防护头罩

（三）工作帽

工作帽主要是软质帽，一般只能对头部进行简单防护，如图 5-3 所示。

a）防静电工作帽　　　b）普通工作帽

图 5-3　常见的工作帽

工作帽的作用主要有两种：对头部的防护作用和防静电、灰尘。

1. 防护作用

保护头发不受灰尘、油烟和其他环境因素的污染。避免头发被卷入转动的机器造成人身伤害，在有传动链、传动带或滚轴的机器旁边工作时，头发长的女工尤其要注意佩戴工作帽。

2. 防静电、灰尘

天气干燥时，头发的摩擦引起的静电现象，会给生产带来一系列的安全隐患。如在化纤生产和印刷过程中，空气中的绒毛和尘埃被静电吸引，会使产品质量下降，严重时还会点燃易燃物质而引起爆炸，佩戴防静电的工作帽可以很大程度上预防头发产生静电。

从事食品、医疗等对卫生条件要求较高的工作，佩戴工作帽可以防止头皮屑等物质掉落。

工作帽一般要求帽体美观大方、佩戴舒适，一般用经久耐用的纤维制作，在不需要防尘的情况下，也可以用带孔的编织品制作，这样通风效果会更好。工作帽的样式不应过于复杂，要容易洗涤烫熨。工作帽的大小最好能够调节，以适合各种头型的人佩戴。选用时，要根据工作性质和实际需要选择适合的工作帽。使用时，帽体一定要戴正，要把头发全部罩在帽体中。

二、呼吸防护用品

呼吸防护用品是为保护佩戴者的呼吸器官，在缺氧环境中提供氧气或防止空气中有毒、有害物质进入人体呼吸道的劳动防护用品，是预防职业危害的一道重要防线。正确选择和使用呼吸防护用品是防止职业病和恶性安全事故的重要保障。

（一）呼吸防护用品的种类

呼吸防护用品的种类繁多，根据其防护的机理不同可分为过滤式呼吸防护用品和供气式呼吸防护用品。

1. 过滤式呼吸防护用品

过滤式呼吸防护用品是依据过滤吸收的原理，利用过滤材料滤除空气中的有毒、有害物质，将受污染空气转变为清洁空气供人员呼吸的一类呼吸防护用品，主要包括防尘口罩、防毒口罩和过滤式防毒面具等。下面介绍几种常见的过滤式呼吸防护用品。

（1）防尘口罩。防尘口罩主要是以纱布、无纺布、超细纤维材料等为核心过滤材料的过滤式呼吸防护用品，用于滤除空气中的颗粒状有毒、有害物质，但对有毒、有害气体和蒸气无防护作用。其中，不含超细纤维材料的普通防尘口罩只具有防护较大颗粒灰尘的作用，一般经清洗、消毒后可重复使用；含超细纤维材料的防尘口罩除可以防护较大颗粒灰尘外，还可以防护粒径更微小的各种有毒、有害气溶胶，防护能力和防护效果均优于普通防尘口罩。基于超细纤维材料本身的性质，该类口罩一般不可重复使用，多为一次性产品，或需定期更换滤棉。防尘口罩有简易式和复式两种，如图5-4所示，简易式防尘口罩结构简单，一般没有滤尘盒、呼吸阀等，如普通纱布口罩；复式防尘口罩一般结构比较复杂，往往含有多孔性滤料、呼气阀等。防尘口罩适用领域主要包括医疗卫生、电子工业、食品工业、美容护理、卫生清洁等。其适用的环境特点是，污染物仅为非挥发性的颗粒状物质，而不含有毒、有害气体和蒸气。

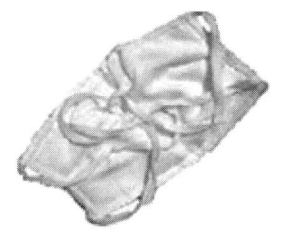 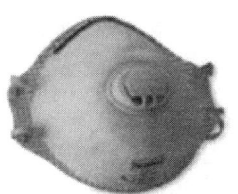

a）普通纱布口罩　　　　　　b）带呼吸阀的防尘口罩

图5-4　简易式和复式防尘口罩

（2）防毒面具。防毒面具是以超细纤维材料和活性炭、活性炭纤维等吸附材料为核心过滤材料的过滤式呼吸防护用品，一般通过滤毒罐（盒）与面罩相连的形式佩戴。防毒面具主要分为全面罩和半面罩两种，另外，在作业强度较大、环境气压较低（如高原）及情况危急、人员心理紧张等情况下，可佩戴呼吸负荷低的强制送风呼吸器，由动力克服组件阻力，提供气源。常见的防毒面具如图5-5所示。防毒面具的使用领域主要包括化工生产、石油加工、橡胶、制革、冶金、焊接切割、卫生消毒、实验研究等。其适用的环境特点是工作或作业场所中含有较低浓度的有毒、有害蒸气、气体，同时可能含有有毒、有害物质的颗粒（包括气溶胶）。

a）带滤毒盒的全面罩　　b）带滤毒盒的半面罩　　c）强制送风呼吸器

图5-5　常见的防毒面具

2. 供气式呼吸防护用品

供气式呼吸防护用品是依据隔绝的原理，使人员呼吸器官、眼面部与外界受污染空气隔绝，依靠自身携带的气源或靠导气管引入受污染环境以外的洁净空气为气源供气，保障人员正常呼吸的呼吸防护用品，也称为隔绝式呼吸防护用品。下面介绍几种常见的供气式呼吸防护用品。

（1）氧气呼吸器。氧气呼吸器可分为储氧式和生氧式两种。储氧式氧气呼吸器以压缩氧气钢瓶为气源，根据呼出气体是否排放到外界，可分为开路式和闭路式两大类。前者呼出气体直接经呼气阀门排放到外界，考虑到安全性因素，目前很少使用。对于常见的闭路式氧气呼吸器，使用时，打开气瓶开关，氧气经减压器、供气阀进入呼吸仓，再通过吸气软管、吸气阀进入面罩供人员呼吸；呼出的废气经呼气阀、呼气软管进入清净罐，去除二氧化碳后也进入呼吸仓，与钢瓶所提供的新鲜氧气混合供循环呼吸。生氧式氧气呼吸器是利用人员呼出的二氧化碳和水蒸气与含有大量氧的生氧药剂反应生成氧气，使呼出气体经补氧和净化后供人员呼吸的一种闭路循环式呼吸器。生氧呼吸器的组成包括生氧系统（含生氧罐、启动装置和应急装置)、降温系统(含冷却管、降温增湿器)、储气装置(含储气囊及排气阀)、保护外壳及背具等。氧气呼吸器是人员在严重污染、存在窒息性气体、毒气类型不明确或缺氧等恶劣环境下工作时必须使用的呼吸防护用品。其主要应用领域包括矿山救护、抢险救灾、石油化工、冶金、航天、船舶、国防、核工业、城建、实验研究、地铁、医疗卫生等。

(2)空气呼吸器。空气呼吸器又称储气式呼吸器,有时也称消防面具。它以压缩气体钢瓶为气源,钢瓶中盛装气体为压缩空气。根据呼吸过程中面罩内的压力与外界环境压力差,可分为正压式和负压式两种。正压式在使用过程中面罩内始终保持正压,更安全,目前已基本取代了后者,应用广泛,如图5-6所示。对于常见的正压式空气呼吸器,使用时,打开气瓶阀门,空气经减压器、供气阀、导气管进入面罩供人员呼吸;呼出的废气直接经呼气阀门排出。空气呼吸器主要用于消防救援人员以及相关人员在处理火灾、有害物质泄漏等恶劣作业及烟雾、缺氧等恶劣环境现场进行火源侦察、灭火、救灾、抢险和支援,另外也可用于海运、民航、自来水厂和污水处理站、油气勘探与采制、石化工业、化学工业、环境保护、军事等领域。

图5-6 储气式正压呼吸器

(二)呼吸防护用品的选用

呼吸防护用品的种类繁多,正确选用呼吸防护用品才能保证作业人员的健康。《呼吸防护用品的选择、使用与维护》(GB/T 18664—2002)规定了防护用品的选择程序,归纳起来主要包括以下几点。

1. 根据有害环境的性质和危害程度选择呼吸防护用品

首先应识别有害环境性质,如是否缺氧,毒物种类、浓度、存在形式(如蒸气、气体和气溶胶)是否已知等。若有害物质仅为普通颗粒物,对眼睛、皮肤无伤害,可选用普通防尘口罩;若颗粒物中含有气溶胶，应选择含超细纤维材料的防尘口罩；若空气中的污染物对眼睛、皮肤有刺激或腐蚀作用（如氨气、苯等），应选择全面罩，同时保护其他裸露皮肤；如果同时存在强光、火花、高温、辐射、飞溅物等，应选择具有隔热、阻燃、防冲击功能的全面罩；当缺氧（氧体积分数<18%）、毒物种类未知、毒物浓度未知或过高（毒物体积分数>1%）或毒物不能被过滤材料所滤除时，均不能使用过滤式呼吸防护用品，只能考虑使用供气式呼吸防护用品；在爆炸性环境中只能使用空气呼吸器，不能选择氧气呼吸器。

2. 考虑作业方式特点

选择供气式呼吸防护用品时，应考虑作业点设备布局、人员或机动车流动情况，气源与作业点间距离，是否妨碍他人作业或者被他人妨碍等。如果作业强度大、作业时间长，应选择呼吸负荷低的防护用品。

3. 考虑佩戴者的身体特点

选用全面罩或半面罩防毒面具时，要与佩戴者的脸型相吻合；选用自吸式防护用品时，要考虑额外的呼吸负荷是否会对佩戴者的心肺系统产生不利影响等。

4. 呼吸防护用品使用注意事项及维护

（1）必须使用认证合格的防护用品，使用前应仔细检查各连接部位是否有损坏。

（2）在进入有害环境前，应先佩戴好防护用品。对供气式呼吸防护用品，应先通气，后戴面罩；对封闭型面罩，应先检查气密性。

（3）在使用过程中，应该始终佩戴呼吸器，若中途有异味、恶心、窒息等情况，应立即离开危险环境，并检查呼吸防护用品是否存在故障。

（4）逃生型呼吸防护用品只能用于从危险环境中离开，不能用于进入危险环境。

（5）任何呼吸防护用品使用后必须做好记录，使用前要仔细检查使用记录，确定防毒过滤元件或者气瓶的更换时间。

（6）呼吸器具要个人专用，每次使用后应清洗和消毒，保存在清洁、干燥、无油污、无腐蚀的环境中，防毒过滤元件不应敞口储存。

三、眼面部防护用品

眼面部是人体直接裸露在外面的部位，在生产作业中很容易受到各种有害因素的伤害。我国职业性眼伤害约占整个工业伤害的5%，占眼外科医院外伤的50%。正确佩戴眼面部防护用品可以减少和避免90%的此类伤害事故。

（一）眼面部伤害因素

造成眼面部伤害的因素很多，各种高温热源、射线、光辐射、电磁辐射、有害液体、有害气体，以及熔融金属等异物飞溅、爆炸等都是造成眼面部伤害的直接因素，归纳起来主要有以下几个方面。

1. 异物性伤害

在工业生产中，铸造、机器制造、建筑施工是发生异物性眼外伤的主要行业，特别是在进行研磨金属，切割非金属或铸铁，手提电动工具、气动工具冲刷和修补金属铸件，切割或刮锅炉，粉碎石头或混凝土等作业时，常伴有固体异物高速飞出，若击中眼球可发生眼球破裂等严重的眼睛伤害事故，击中面部则会导致面部受伤；沙粒或金属碎屑等异物进入眼内，大多数小颗粒可以被眼泪冲掉，但留在上眼睑内侧，嵌进角膜或巩膜表面的异物，如不及时清洗，可引起溃疡和感染。

2. 生物性伤害

主要存在于农业生产中，如烟雾、化肥、锯木、虫咬、蜂蜇等造成的眼面部伤害。

3. 化学性伤害

化学工业中，酸、碱等腐蚀性液滴及烟雾进入眼中或冲击面部，会引起眼面部的严重损伤。

4. 非电离辐射伤害

包括可见光、紫外线、红外线辐射、激光和微波伤害。可见光伤害比较多见的是眩光。例如，每当夜晚在马路边散步时，迎面而来的机动车前照明灯把行人晃得眼睛睁不开，引起眩晕，这种光源不但在马路上常见，在一些工矿企业也常常会遇到。如长期从事电焊、冶炼和熔化玻璃等工作的人，眼睛里会出现盲斑，到年老时容易患白内障。紫外线是一种不可见光线，它在生产、国防和医学上都有广泛的应用，如消毒、杀菌、治疗某些皮肤病和软骨病等，还用于人造卫星对地面的探测。长期过量照射紫外线会使眼睛的角膜表现出角膜伤害，严重时会导致失明。红外线也是一种不可见光线，其对眼面部造成伤害主要是通过热效应伤害眼底视网膜，也可能造成角膜灼伤和虹膜伤害。激光的能量集中，亮度很高，能够伤害眼睛的结膜、虹膜和晶状体。微波广泛应用于雷达、通信、医疗、探测、军事、食品加工等行业，对眼睛的伤害主要是由于热效应引起晶体浑浊，导致白内障发生。

5. 电离辐射伤害

电离辐射包括 α 粒子、β 粒子、γ 射线、X 射线、热中子、慢中子、快中子、质子和电子等的辐射。电离辐射主要存在于原子能工业、核爆炸、高能物理试验、同位素诊治等行业和核动力装置（如核电站、核潜艇）中。人眼如受到核辐射伤害可发生严重后果，当剂量超过 22 Gy 时，个别人会出现白内障，白内障发病率随总剂量的增大而升高。

（二）眼面部防护用品的分类

眼面部防护用品种类很多，依据防护部位可分为防护眼镜和防护面罩。

1. 防护眼镜

防护眼镜是在眼镜架内装有各种护目镜片，防止有害物质伤害眼睛的防护用品，如图 5-7 所示。防护眼镜按功能可分为防冲击眼镜、防辐射护目镜、变色眼镜。

（1）防冲击眼镜。主要是为了预防飞溅的铁屑、沙石等物体击伤眼睛而使用的防护用品，多为有机玻璃（聚碳酸酯、聚乙烯、聚氯乙烯）、钢化玻璃制成。适用于矿山、工厂等作业场所。

 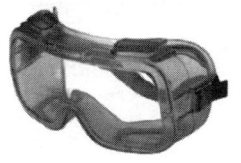

a）防护眼镜　　　　　b）护目镜

图 5-7　两种常见的防护眼镜

（2）焊接护目镜。焊接护目镜由镜架、滤光片和保护片组成，滤光片内含铜、硫化镉等微量物质，使得紫外线透射率很低，适用于电弧焊、切割、氩弧焊作业。

（3）炼钢镜。炼钢镜的滤光片内含有钴、镍、氧化硼等，适用于冶炼炉、加热炉、高温炉窑等以红外线辐射为主的作业场所。

（4）防辐射护目镜。防辐射护目镜主要包括防 X 射线护目镜和防中子护目镜两种，前者由铅玻璃镜片和镜架组成，后者由硼透明树脂制成。

（5）变色眼镜。变色眼镜的滤光片是根据光色互换可逆反应的原理，用含有卤化物的化学玻璃制成，遇到紫外线或日光照射时颜色变暗，适用于雪光、日光较强的环境，但对白炽灯光以及电焊、熔炼等发出的红外光及强紫外光的防护作用较差。

2. 防护面罩

防护面罩是用来保护面部和颈部免受金属碎屑飞溅，有害气体、液体喷溅，金属和高温溶剂飞沫等伤害的用具。可分为防冲击面罩、防火隔热面罩、焊接面罩、手持式焊接面罩等，如图 5-8 所示。

以下对工业企业中几种常用的防护面罩进行简要介绍。

（1）防冲击面罩。用来防护飞来物冲击、化学液体飞溅等，多用于车、铣、刨、磨机加工和凿岩等作业。

（2）焊接面罩。由观察窗、滤光片、保护片和面罩等组成，具有防飞溅物、防有害光线和隔热性能。有头戴式、手持式、半面罩式、全面罩式等多种形式，适用于有热辐射的焊接作业。

（3）防热、防辐射面罩。由面罩和头带组成，常用的有带有金

a）防冲击面罩　　b）防火隔热面罩　　c）焊接面罩　　d）手持式焊接面罩

图 5-8　几种常见防护面罩

属网式和镀膜隔热面罩，在熔炼、炉窑和高温作业中使用得较多。

（三）眼面部防护用具的选用与注意事项

（1）使用前，检查产品的标记是否符合《个人用眼护具技术要求》（GB 14866—2006）的标准规定。

（2）使用焊接防护眼镜时要正确选用滤光片。《职业眼面部防护　焊接防护　第 1 部分：焊接防护具》（GB/T 3609.1—2008）规定，焊接防护眼镜的滤光片可分 19 个遮光号，遮光号越大，表示其可见光、紫外、红外透过率越小，防御有害弧光能力越强。焊接滤光片的使用可根据表 5-2 进行选择。

表 5-2　不同遮光号适合的焊接与切割作业

遮光号	电弧焊接与切割作业
1.2、1.4、1.7、2	防侧光与杂散光
3、4	辅助工
5、6	30 A（含）以下的电弧作业
7、8	（30~75］A 的电弧作业
9、10、11	（75~200］A 的电弧作业
12、13	（200~400］A 的电弧作业
14	400 A 以上的电弧作业

（3）选择佩戴合适的眼镜和面罩，以防止作业时晃动或脱落，影响防护效果。

（4）眼镜架与脸部要贴合，避免侧面漏光，必要时应使用带有护眼罩的眼镜或防侧光型眼镜。

（5）使用面罩、护目镜作业时，累计最少每 8 h 更换 1 次新的保护片，以保护操作者的视力。防护眼镜的滤光片受到飞溅物损伤出现疵点时，要及时更换。

（6）使用隔热、阻燃防护面具时，须确认是否有有害光线，如果有，应与防护眼镜共同使用。

四、耳部防护用品

耳部防护用品是指防止过量的声能侵入耳道，使人耳避免噪声的过度刺激，减少听力损伤，预防噪声对人体引起不良影响的防护用品。正确佩戴耳部防护用品在很大程度上可以减少职业性噪声聋的发病率。

（一）耳部防护用品的种类

耳部防护用品根据其结构形式的不同，大致可分为 3 大类：能插入外耳道的耳塞、能够将整个外耳郭罩住的耳罩、有护耳罩的防噪声帽。

1. 耳塞

耳塞是塞入耳道内或置于外耳道口处的护耳器。

（1）按耳塞的材质分类，可分为硅胶耳塞、海绵类耳塞和蜡制耳塞。

①硅胶耳塞。一般来说，硅胶制作的耳塞都具备可反复使用的性能，但由于硅胶的柔软性较差，长期佩戴往往会造成耳道不适，甚至出现胀痛感；又由于硅胶不如海绵柔软，无法紧贴耳道壁，隔声效果往往不如海绵类耳塞理想。

②海绵类耳塞。低压泡沫材质、高弹性聚酯材料制成的海绵类防噪声耳塞表面光滑、回弹慢，使用时耳朵没有胀痛感，隔声效果为 25~40 dB。该种耳塞非常适合睡眠时使用，但由于清洗后其慢回弹效果会减弱而无法反复使用。一般来说，海绵耳塞都是用后即弃型的，但随着科技的发展，目前市面上也有一些海绵耳塞是可以反复使用达半年以上并可清洗的。

③蜡制耳塞。蜡制耳塞是防噪声耳塞的鼻祖，用手可把其弄

软，并做成适合耳道的形状，缺点是不够卫生，蜡也有可能残留在耳道内，不易清洗，而且戴久了耳朵会有胀痛的感觉。

目前比较流行的是具有慢回弹性的泡沫耳塞，它具有携带方便、降噪效果好等优点，使用时将耳塞搓成长条塞入耳道中，按住大约 20 s，耳塞会慢慢膨胀直至塞住耳道。

（2）按耳塞的形状分类，防噪声耳塞最为普遍的形状是子弹形，也有已获专利的火箭形（"T"形）、喇叭形、圆柱形以及凸缘形等，如图 5-9 所示。

a）子弹形耳塞

b）凸缘形耳塞

c）"T"形耳塞

图 5-9 常见的耳塞

2. 耳罩

耳罩是指能遮盖耳道并紧贴耳郭的护耳器，通常由塑料壳、密封垫圈、内衬吸声材料和拱架四部分组成，长短高度可调节，为了加强耳罩与佩戴者皮肤接触部位的密封性，改善佩戴者的舒适度，在壳体的周边包覆着内装有泡沫塑料或液体的密封垫，密封垫能够更换，并耐消毒和清洗，对皮肤无刺激性。另外还有一种无线通信耳罩，可在强烈噪声环境下保护工作人员耳膜安全的同时，实现了多人使用无线通信传输装置进行语音小型集群通话。如图 5-10 所示为常见的耳罩。

图 5-10 常见的耳罩

3. 防噪声帽

防噪声帽是一种防止爆炸时强烈的噪声从颅骨传入的听力保护器，如图 5-11 所示。防噪声帽分软式和硬式两种，软式防噪声帽由人造革帽和耳罩组成，耳罩固定在帽的两端，罩壳周边为泡沫塑料垫圈，内衬为吸声材料。软式防噪声帽具有重量轻、质地软、导热系数低、隔热效果好、戴用方便等优点；缺点是不通风，夏天会感到闷热。硬式防噪声帽与软式防噪声帽结构差不多，只是帽壳由玻璃钢制成，能起到防冲击的作用。硬式防噪声帽在航空、爆破作业时使用较多。

图 5-11 防噪声帽

（二）耳部防护用品使用注意事项

1. 耳塞使用注意事项

（1）防噪声耳塞有可能成为耳炎的激发因素，因此耳塞应经常用水和肥皂清洗。

（2）佩戴泡沫塑料耳塞时，先将耳塞搓细并插入理想位置，当耳塞完全膨胀后则不再往里推。拔出耳塞时为了避免鼓膜受压，应慢慢地将耳塞旋出而不是强拉出来。

（3）在使用耳塞时，要先将耳郭向上提拉，使耳甲腔呈平直状态，然后手持耳塞柄，将耳塞帽体部分轻轻推进外耳道内，但不要用力过猛或插得太深。

（4）感到隔声不佳时，可将耳塞缓慢转动，调到最佳效果位置，若反复调整，效果仍不佳，则应考虑更换其他型号的耳塞。

（5）佩戴硅胶自行成型耳塞时，应分清左右，放入耳道时，要将耳塞转动、放正位置。

2. 耳罩使用注意事项

（1）使用前，应先检查罩壳有无裂纹和漏气，佩戴时应注意罩壳方向，顺着耳郭的形状戴好。

（2）将拱架放在头顶适当位置，尽量使耳罩软垫圈与周围皮肤相互密合，无论是耳塞还是耳罩，均应在进入有噪声车间前戴好，工作中不得随意摘下，以防伤害耳鼓膜；如确需摘下，最好在休息时或离开车间以后，到安静处再摘下，让听觉逐渐恢复。

（3）耳罩使用后应存放在专用盒内，以免挤压、受热而变形，用后需用肥皂、清水把它清洗干净，晾干后再收好。

五、手部防护用品

手是人体最易受伤害的部位之一，在全部工伤事故中，手的伤害事故大约占1/4。一般情况下，手的伤害不会危及生命，但可导致终生残疾，甚至丧失劳动和生活的能力。因此，手的保护是职业安全非常重要的内容。

（一）常见的手部伤害

1. 机械性伤害

机械对人体骨骼、肌肉或组织、结构造成的伤害，从轻微的皮外伤到严重的断指、骨裂等。如使用带尖锐部件的工具，操纵某些带刀、尖等的大型机械或仪器，会造成手的割伤；处理、使用锭子、钉子、起子、凿子、钢丝等会刺伤手；手被卷进机械中会扭伤、压伤甚至轧掉手指等。此类伤害事故在手部伤害中十分常见。

2. 化学、生物性伤害

这类伤害主要是对手部皮肤的伤害，轻者造成皮肤干燥、起皮、刺痒，重者出现红肿、水疱、疱疹、结疤等。这类伤害造成的原因是长期接触酸（碱）的水溶液、洗涤剂、消毒剂等，或接触到毒性较强的化学、生物物质。

3. 振动伤害

长期操纵手持振动工具，如油锯、凿岩机、电锤、风镐等，会造成手臂抖动综合征等。手随工具长时间振动，还会对血液循环系统造成伤害，引发白指症，手会变得苍白、麻木，特别是在湿、冷的环境下，这种情况更容易发生。如果伤害到感觉神经，手对温度的敏感度就会降低，导致触觉失灵，甚至会造成永久性的麻木。

4. 电击、辐射伤害

手部受到电击伤害,或是电磁辐射、电离辐射等各种类型辐射的伤害,可能会造成严重的后果。

(二) 手部防护用品的分类

手的防护是指劳动者根据作业环境中的有害因素穿戴特质手套,以防止发生各种有害因素伤手事故,手部防护用品主要有防护手套和防护套袖两种。

1. 防护手套

(1) 防护手套按照用途可分为一次性手套、化学防护手套、绝缘手套、防割手套、一般用途手套、耐火阻燃手套、焊工手套、耐油手套等。

①一次性手套。这类手套主要用于保护使用者和被处理的物体,适用于对手指触感要求高的工作,如实验室、制药业或清洁工作,可用乳胶、丁腈、丁基橡胶或聚氯乙烯(PVC)制成。

②化学防护手套。化学防护手套主要用来防止化学物质的透过和浸入,防止手部皮肤因化学物质刺激而引发各种疾病。化学防护手套主要适用于含酸、碱、有机药物和其他有害化学物质的工作场所,主要材料有天然橡胶、氯丁二烯橡胶、丁腈橡胶、氟橡胶、硅橡胶等。耐酸碱手套是较为常见的化学防护手套,是在工作人员手部接触酸碱或需要浸入酸碱溶液时使用的防护手套。耐酸碱手套主要是化工、印染、皮革、电镀、热处理等企业或场所的工作人员在接触普通酸碱时使用,主要由橡胶、乳胶、塑料和浸塑等制成。

③绝缘手套。绝缘手套是作业人员在交流电压 10 kV 及以下电气设备(也适用于相应电压等级的直流电气设备)上进行带电作业时戴在手上,起电气绝缘作用的一种手套。这类手套是用绝缘橡胶或乳胶经压片、模压、硫化或浸模成型的五指手套,根据作业电压的高低(适用范围)不同,可选择三种不同类别的品种(见表 5-3)。绝缘手套对质量要求很严格,使用单位应定期进行耐压检测,使用前必须检查是否有扎穿和破损,以防绝缘损坏,使用时最好戴内棉线手套以吸汗,并注意防止被利物划破和接触酸、碱、油类物质。

表 5-3　绝缘手套的适用范围

类别	适用范围
1	用于交流电压低于 1 kV、直流电压低于 1.5 kV 作业场所
2	用于交流电压低于 7.5 kV、直流电压低于 11.25 kV 作业场所
3	用于交流电压低于 17 kV、直流电压低于 22.55 kV 作业场所

④防割手套。主要用于接触、使用锋利器物作业时防止手部被割伤、切伤的一类手套。防割手套使用特殊材料制成，降低了使用者被割伤的风险，用于处理尖锐物品，常使用钢丝织物或坚韧的合成纱材料制成。

⑤一般用途手套。用于防磨损、刺穿、切割等，适用于搬运、处理物品等，常使用针织布、皮革或合成材料制成。

⑥耐火阻燃手套。主要用于森林防火、冶炼、浇铸、热轧、锻造、炉窑等高温作业时防止手部遭受高温辐射和烧灼伤害。耐火阻燃手套常使用厚皮革、特殊合成涂层、绝缘布、玻璃棉制成。

⑦焊工手套。焊接工人易受到电弧产生的强烈紫外线及强烈的热辐射影响，而且手容易被焊接火花及飞溅的熔融金属烫伤，出汗后则有触电的危险。因此，焊工手套必须用牛皮或猪皮绒面革来制造，并配有长的帆布或皮革袖筒。

⑧耐油手套。用来保护手部皮肤免受油脂类物质，如矿物油、植物油以及脂肪族的各种溶剂油的刺激引起的各种皮肤疾病，有橡胶、乳胶、塑料三种。

除以上几种手套外，还有防振手套、防辐射手套、防 X 射线手套、防热手套、点塑手套、涂塑手套等。

（2）防护手套按照材质可分为丁腈手套、乳胶手套、PVC 手套、皮革手套和布手套等。

①丁腈手套。耐穿刺性强，耐磨，抗老化，能保护手部免受大部分溶剂和化学危险品的腐蚀，如油、酸、农药等，是耐油材料中最好的一种。

②乳胶手套。在防机械磨损、防割及刺穿方面表现良好，对一部分化学品具有较好的防护性，但只适用于接触低浓度的酸碱溶

液、一般化学药品、印染液、有毒化工原料、污染物；一般工业操作时，不能接触防护油、油脂和石油产品，也不能接触硝酸等强氧化剂。乳胶手套表面摩擦力较大，适于抓取尖锐的物体，使用温度为 $-18 \sim 50$ ℃，耐低温。

③PVC 手套。防化学腐蚀性强，几乎可以防护所有的危险化学品。

④皮革手套。防机械磨损性能较好，厚皮可防热，外层镀铝后可防高温及热辐射，喷涂革耐磨、防污。

⑤布手套。一般用途手套，不影响使用者的手指灵活度，接触感良好。加厚的布手套可用于防热、防寒，可防中、低强度机械磨损，点珠类的布手套耐磨、防滑，可抓握湿滑物体。

2. 防护套袖

防护套袖是用以保护前臂的防护用品，主要在进行易污作业，如染色、油漆及卫生清洁作业时使用，主要产品有：防热辐射套袖，如石棉套袖、铝膜布隔热套袖等；防酸碱套袖，如胶布套袖、塑料套袖等。

3. 防护手套的选用

防护手套选择得合适与否、使用得正确与否，都直接关系到手的健康。防护手套在选择与使用过程中要注意以下几点：

（1）选用与工作场所相匹配的手套。

（2）选用的手套要具有足够的防护作用。

（3）随时检查手套是否有小孔或破损、磨蚀的地方，尤其是指缝处，发现问题及时更换。使用时，应防止与汽油、机油、润滑油、各种有机溶剂及锋利锐器接触。使用后，应将其表面的液体或污物用清水冲洗干净后晾干，不得暴晒或烘烤。暂时不用的，可涂抹少量滑石粉，以免粘连。

（4）使用中不要将污染的手套任意丢放。

（5）摘取手套一定要注意正确的方法，防止手套上沾染的有害物质接触皮肤和衣服，造成二次污染。

（6）不要与他人共用手套，共用手套容易造成交叉感染。

（7）戴手套前要洗净双手，摘掉手套后要洗净双手，并涂抹护手霜。

六、足部防护用品

移动和支撑人体的质量是足部的两大重要功能，然而足部却是很容易受到伤害而又往往被人们忽视的部分。随着劳动保护和自我防护意识的增强，对于足部的防护也逐渐被人们所认识。

（一）引起足部伤害的因素

1. 冲击、撞击

笨重或尖锐的物体掉落可引起足部的砸伤或刺伤，这是足部伤害中最常见的因素。

2. 化学性伤害

在化工、造纸、印染等接触化学品的行业，有可能发生被化学品灼伤足部的事故。

3. 触电伤害

作业人员如果没有穿电绝缘鞋，与电接触时可能导致电击、烧伤等。

4. 极端温度的伤害

在极热或极冷的工作环境条件下，足部可能被烧伤或冻伤。如在冶炼、铸造、金属加工、焦化、化工等行业的作业场所，强热辐射或者掉落的熔融物会烧伤足部；在高寒地区进行户外作业时，若没有有效的防护措施，足部可能会被冻伤。

5. 滑倒

在有油、水或其他化学物质存在的地板上行走时，可能导致人体失去平衡，造成摔伤事故。

（二）足部防护用品的种类

足部防护用品也称为防护鞋，根据其功能可分为防砸鞋、防刺穿鞋、防热鞋、防静电鞋与导电鞋、绝缘鞋、耐酸碱鞋、耐油防护鞋、防寒鞋等。常见的防护鞋如图5-12所示。

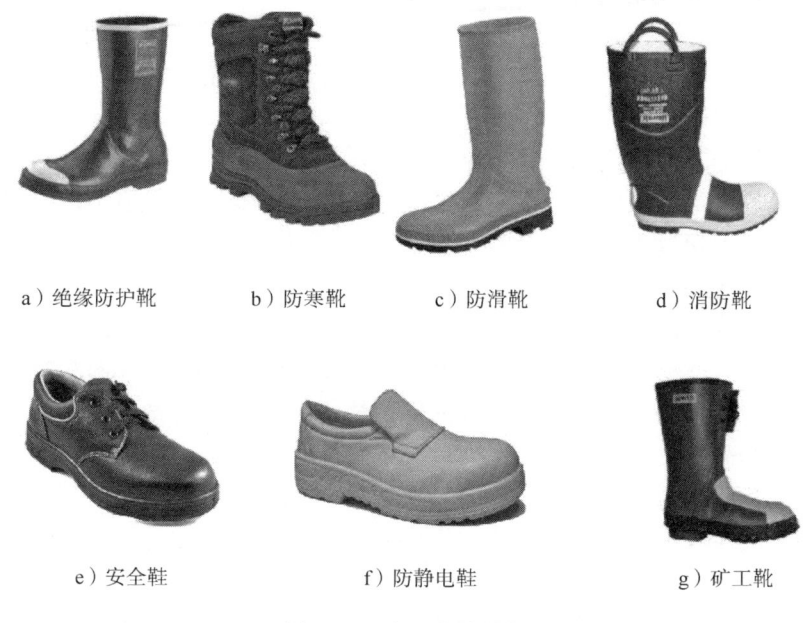

a）绝缘防护靴　　b）防寒靴　　c）防滑靴　　d）消防靴

e）安全鞋　　f）防静电鞋　　g）矿工靴

图 5-12　常见的防护鞋

1. 防砸鞋

在鞋头装有金属或非金属内包头，能保护足趾免受物体打击伤害的鞋，有低帮、高腰、半筒和高筒四种，适用于冶金、矿山、林业、港口、装卸、采石等行业。

2. 防刺穿鞋

在内底与外底之间装有防刺穿垫，能防止足底刺伤的防护鞋，根据抗穿刺力的大小分为特级（>1 100 N）、Ⅰ级（>780 N）、Ⅱ级（>490 N）三种。

3. 防热鞋

在内底与外底之间装有隔热中底，以保护高温作业人员足部在遇到热辐射、飞溅的熔融金属火花或在热物面（一般不超过300 ℃）上短时间行动时免受烫伤、灼伤或砸伤的防护鞋，分靴式和高腰鞋式两种，主要应用于冶金行业。

4. 防静电鞋与导电鞋

防静电鞋是既能消除人体静电积聚，又能防止 250 V 以下电压电击的防护鞋。导电鞋具有良好的导电性能，可在短时间内消除人体静电积聚，是只能用于没有电击危险场所的防护鞋，主要适用于石油化工、医药、电子等行业。这类防护鞋在使用过程中，严禁将其代替电绝缘鞋，同时不能穿绝缘的毛料厚袜及绝缘鞋垫，使用寿命一般不超过 200 h。

5. 绝缘鞋

绝缘鞋是能使人的脚与带电物体绝缘，预防触电伤害的防护鞋，按帮面材料可分为绝缘皮鞋、绝缘布面胶鞋、绝缘胶面胶鞋和绝缘塑料鞋四种；按款式可分为低帮绝缘鞋、高腰绝缘鞋、半筒绝缘鞋和高筒绝缘靴四种。不同的绝缘鞋防护的电压不同，在选用时不能使用错误。穿用绝缘鞋时，应避免接触锐器、高温和腐蚀性物质，防止鞋的绝缘性能受到损害。

6. 耐酸碱鞋

耐酸碱鞋是可以防止酸碱溶液直接侵袭足部，避免腐蚀、烧烫等伤害的防护鞋，按材质可分为耐酸碱皮鞋、耐酸碱胶靴、耐酸碱塑料模压靴。耐酸碱皮鞋采用防水革配以耐酸碱鞋底，一般用于较低浓度酸碱的作业场所。耐酸碱胶靴是全橡胶材料经硫化成型的防护鞋，按款式可分为高筒靴、半筒靴和轻便靴三种。耐酸碱胶靴具有较好的耐酸碱性能。耐酸碱塑料模压靴是用聚氯乙烯等聚合材料经模压成型的一种防护鞋，具有很好的耐酸碱性能。耐酸碱鞋在使用过程中应避免接触高温、锐器，以免损伤鞋帮或鞋底引起渗漏。

7. 耐油防护鞋

耐油防护鞋是可以防止汽油、柴油、机油、煤油等化学油品对足部皮肤造成伤害的防护鞋，适用于石油、机械、电力、橡胶、食品、油脂以及油类运输等行业。耐油防护鞋一般用丁腈橡胶、聚氯乙烯塑料作外底，用皮革、帆布和丁腈橡胶作鞋帮。

8. 防寒鞋

防寒鞋用于低温作业人员的足部防护，以免受冻伤，分为无热源式（如棉鞋、皮毛鞋等）和带热源式（如热力鞋）等。

（三）防护鞋的选用注意事项

（1）防护鞋的品种很多，要根据具体的作业条件进行选用，否则起不到应有的防护作用。

（2）严把质量关。根据国家的相关标准选用合格的防护鞋，一是要看鞋的加工质量，二是要看鞋的安全保护质量。

（3）鞋形与脚形相适应。防护鞋的尺寸要与脚形大小一致，可稍微偏大，使脚穿进鞋内后，在鞋头部分留有 1 cm 的间隙。这是因为人的双脚大小不一致，同时在人体行走时，以及午后、晚上脚都会发生变化，如果鞋没有余量，就会因脚的变大而夹紧，影响其舒适性。

（4）注意特殊要求。对于特殊防护鞋，应按产品说明书中的要求来选择与使用，以免发生意外。

（5）防护鞋的存放与维护要求。使用后刷去鞋上的灰尘，清除污垢，放置于通风干燥处；经常给鞋子打蜡、避免阳光照射；避免腐蚀性物质的污染；长期不用，应打蜡后放入鞋盒内，置于干燥处保存。

七、躯干防护用品

随着工业的飞速发展，人们在工作、生活中面临着越来越多安全事故危害因素的威胁，这些威胁可分为物理因素（高温、低温、风、雨、水、火、粉尘、静电、放射源等）、化学因素（毒剂、油污、酸、碱等）和生物因素（昆虫、细菌、病毒等）。为了抵御这些威胁，减少不必要的损失，人们运用了各种防护用品，躯干防护用品就是其中重要的一种，它是人们在生产过程中抵御各种有害因素的一道屏障，能有效地保护作业人员在现场作业时免受环境中物理、化学、生物等因素的伤害。

（一）引起躯干伤害的因素

生产过程中常见的对躯干伤害的因素主要有高温作业、低温作业、化学试剂、电磁辐射、电离辐射、静电等。

1. 高温作业

高温作业是指工业企业和服务行业工作地点具有生产性热源,其气温等于或高于本地区夏季通风室外计算温度(北京地区为 30 ℃)2 ℃或 2 ℃以上的作业(含夏季通风室外计算温度≥30 ℃地区的露天作业,不含矿井下作业)。按气象条件的特点将高温作业分为三种类型:一是高温、强热辐射作业,如冶金工业的炼焦、炼铁、炼钢等车间,机械制造工业的铸造车间,陶瓷、玻璃、建材工业的炉窑车间,发电厂(热电站)、煤气厂的锅炉间等;二是高温、高湿作业,如纺织印染等工厂、深井煤矿等;三是夏天露天作业,如建筑工地、大型体育竞赛等。高温作业会对人体的生理功能产生一系列的影响,如导致机体严重脱水、循环衰竭、热痉挛、高血压、胃肠道疾病、中枢神经系统抑制等。

2. 低温作业

低于人体舒适程度的温度即为低温,一般取(21±3)℃为人体舒适的温度范围,因此 18 ℃以下的温度即可视为低温。但对人的工作效率有不利影响的低温,通常是在 10 ℃以下。低温环境除了冬季低温外,主要见于高寒地带、南极和北极等地区以及水下。低温对人体的伤害作用最普遍的是冻伤,例如,在 -20 ℃以下的环境里,皮肤与金属接触时,会与金属粘连,即冷金属粘皮,这是一种特殊的冻伤。

3. 化学试剂

生产过程中用到的化学试剂有 7 万多种,其中不乏剧毒物质,这些物质在生产、使用、运输过程中一旦侵入人体即可发生中毒,甚至引发生命危险。常见的化学试剂有金属和类金属毒物,如铅、汞、锰及其化合物等;刺激性气体,如氯、氨、氮氧化物、碳酰氯(光气)、氟化氢、二氧化硫、三氧化硫和硫酸二甲酯等;农药,如杀虫剂、杀菌剂、杀螨剂、除草剂等;有机化合物,如二甲苯、二硫化碳、汽油、甲醇、丙酮等。

4. 电磁辐射

随着无线电技术的发展运用,人们接触的电磁辐射越来越多,产生电磁辐射的设备大到广播电视发射塔、军事雷达、高压输电线，小到电视机、电冰箱、微波炉、空调和计算机等。这些设备在工作的时候，都向周围发射着不同功率的电磁波，即电磁辐射。电磁辐射作用于人体，在达到一定剂量后，即产生生物效应，影响人体神经、内分泌、心血管、血液、生殖、免疫系统及视力，严重的甚至会促发癌症。

5. 电离辐射

电离辐射对机体的损伤可分为急性放射性损伤和慢性放射性损伤。短时间内接受一定剂量的电离辐射，可引起机体的急性损伤，常见于核事故和放射治疗。而较长时间内分散接受一定剂量的电离辐射，可引起慢性放射性损伤，如皮肤损伤、造血障碍、白细胞减少、生育能力受损等。另外，电离辐射还可以致癌和引起胎儿的死亡和畸形。

6. 静电

静电对人体有非常大的危害，人体长时间受静电影响会导致血液中的碱性升高，血清中钙含量减少，尿中钙排泄量增加。过多的静电在人体内堆积，还会引起脑神经细胞膜电流传导异常，影响中枢神经，从而导致血液酸碱度和机体氧特性的改变，影响机体的生理平衡，使人出现头晕、头痛、烦躁、失眠、食欲不振、精神恍惚等症状。静电也会干扰人体血液循环、免疫和神经系统，影响各脏器（特别是心脏）的正常工作，有可能引起心率异常和心脏早搏。

（二）躯干防护用品分类

躯干防护用品主要指防护服。防护服可分为两类，即一般防护服和特种防护服。

一般防护服是指防御普通伤害和脏污，在一般作业环境下都适用的防护服。特种防护服是指具有特定防护功能，适用于特定环境的防护服，如阻燃防护服、防静电工作服、防酸工作服等。

1. 一般防护服

一般防护服是指在作业过程中为防污、防机械磨损、防绞碾等物理伤害而穿用的服装，如图5-13所示，其面料可供选择的范围比较广，纯棉、混纺织物等均可，有分体式、连体式、大褂式、背心、背带裤、围裙、反穿衣等。一般防护服要做到安全、适用、美观、大方，有利于人体正常生理要求和健康，便于穿脱，防护服的颜色应与作业场所背景有所区别，不能影响作业人员对各种颜色信号灯的判断。

2. 特殊防护服

（1）阻燃防护服。阻燃防护服是指在接触火焰或炽热物体后，能防止本身被点燃或可减缓并终止燃烧的防护服。适用于在明火、散发火花或熔

图 5-13　一般防护服

融金属附近，以及在有易燃、易爆物质，并有发火危险的地方工作时穿用。一般采用耐洗阻燃织物，如经阻燃剂处理过的纯棉布、化纤混纺布或用耐高温、阻燃纤维制成。

（2）防静电工作服。防静电工作服是指能防止静电荷积聚的防护服，适用于在易产生静电的场所穿用，以防止静电造成火灾和爆炸，一般采用防静电织物制成，如用抗静电剂进行后处理的织物，添加抗静电剂的织物，纺织时等间隔加入导电纤维（有机导电材料或亚导电材料）或超细金属丝的织物。

使用时，应按作业需要正确选择各种型号的工作服，防静电工作服必须与防静电鞋配套穿用，不允许在易燃、易爆的场所穿脱；穿用时，禁止在防静电工作服上附加或佩戴任何金属物件；穿用时应保持防静电工作服清洁，洗涤时应小心，不可损伤纤维；穿用一段时间后，应对防静电工作服进行防静电性能检验，不符合要求的不允许继续使用。

（3）防酸工作服。防酸工作服是指从事酸作业人员穿用的具有防酸性能的服装，根据材料的性质分为透气型与不透气型两类。透气型适用于中、轻度酸污染场所，有分身式和大褂式两种款式，面料常采用耐酸纤维织物，如粗毛呢、柞蚕丝、氯纶、涤纶等。不透气型适用于重度酸污染场所，面料常采用橡胶涂覆织物（胶布）、聚乙烯塑料薄膜（主要做围裙、套袖等）等。

穿用时要根据防护服的不同耐酸程度选择合适的防护服，应避免接触锐器，防止机械损伤；使用胶布和塑料制成的防酸工作服，储存时，应避免暴晒，用后清洗晾干，长期保存时，应撒上滑石粉，防止粘连。

（4）防尘服。防尘服可分为工业防尘服和无尘服。工业防尘服主要在有粉尘污染的作业场所中穿用，防止接触各类粉尘危害体肤；无尘服主要在无尘工艺作业中穿用，以保证产品质量。使用时，应根据作业的不同要求，正确选用相应类别的防尘服。

（5）防水工作服。防水工作服是指能防御水透过和渗入的工作服，一般采用橡胶涂覆织物制成，适用于从事淋水作业、喷水作业、排水作业、水产养殖、矿井、隧道等浸泡在水中的作业人员穿用，主要有劳动防护雨衣、下水衣、水产服等。

穿用防水工作服时，应严禁接触各种油类、有机溶剂、酸、碱等，避免与锐利物接触；洗后不可暴晒、火烤，应晾干；存放时尽量避免折叠、挤压，要远离热源，通风干燥，如需折叠，可撒些滑石粉。

（6）防寒服。防寒服常用于低温作业，可保护人体免受冻伤，一般用干燥的天然植物纤维、动物皮毛及化学纤维做填充层，具有保温性良好、导热系数小、外表吸热率高等特点。

（7）带电作业用屏蔽服。带电作业用屏蔽服是采用均匀的导电材料和纤维材料制成的。一般采用金属丝布，如超细玻璃纤维、丙纶纤维、聚四氟乙烯纤维、柞蚕丝或棉纤维与细铜丝并捻织成的斜纹或平纹布，衬里采用蚕丝绸等，棉服在衬里与面料之间加上丝棉填充物，切忌用合成纤维。

（8）防辐射服。能对人体造成伤害的辐射源是多种多样的（包括电离辐射和非电离辐射），它们产生的射线的能级也各不相同，因而抵抗这些射线辐射的材料也不尽相同，由此而制成的各种辐射防护服也有不同的特点。防辐射服主要包括以下几种。

①防紫外线服。防紫外线服主要通过织物中的抗紫外线纤维来衰减环境中的过量紫外线。抗紫外线纤维是用紫外吸收剂（多为有机化合物如二苯甲酮类化合物、脂肪族多元醇类化合物等）或紫外

线屏蔽剂（折射率高的金属氧化物，如氧化锌、二氧化钛等）与成纤高聚物共混纺丝制得。

②防微波服。防微波服主要应用屏蔽和吸收原理，衰减并消除作用于人体的电磁量。目前，该类防护服主要由两大类织物制成，即掺有防微波辐射纤维的织物和涂层织物。其中，前者是制作防微波服的主要面料，采用金属纤维与普通纤维按一定比例混纺，经特殊工艺使之充分均匀混合而制成的金属纤维混纺纱织物。混纺纱织物中的金属纤维按生产方法的不同可分为普通金属纤维（如不锈钢纤维）、金属镀层纤维（在金属纤维表面涂一层塑料后制成的纤维）、涂覆金属纤维（如镀铝、镀锌、镀铜、镀镍、镀银的聚酯纤维、玻璃纤维等）。

③X射线防护服。X射线防护服主要由防X射线纤维制成。防X射线纤维是指对X射线具有防护功能的纤维，一般是含铅的玻璃、有机玻璃及橡胶等制品，但这种防护品不仅笨重，而且其中的铅氧化物还有一定毒性，会对环境产生一定程度的污染。目前研制成的新型防X射线纤维，是利用聚丙烯和固体X射线屏蔽剂材料复合制成的，防护性能好而且没有二次污染。

④中子辐射防护服。中子辐射防护服的工作原理就是将快速中子减速和将慢速（热）中子吸收，主要由防中子辐射纤维制成。防中子辐射纤维是指对中子流具有突出抗辐射性能的特种合成纤维，在高能辐射下仍能保持较好的机械性能和电气性能，并同时具有良好的耐高温和阻燃性能。

（9）化学防护服。化学防护服用于防止各种有毒、有害化学物质侵害的防护用品，主要应用于勘察工作、突发事件应对、抢险救灾工作等，全套的化学防护服包括防护服（套装、工作服、兜帽、手套、靴子）、呼吸器、冷却器、通信器材、头盔、护目镜、护耳器、防护内衣和防护外罩（手套外罩、胶皮套靴、闪光罩）等。

美国环境保护署（EPA）将化学防护服按防护等级分为四种：A级为气体密闭型防护服；B级为防液体溅射防护服；C级为增强功能型防护服；D级为一般型防护服。

气体密闭型防护服（A级）（如图5-14所示）可以防护来自有

害固体、液体、气体的威胁，对呼吸系统、皮肤、眼睛及其黏膜提供最高等级的防护，适用于：污染环境中的化学物质的成分、浓度都不确定的场合；对呼吸系统、皮肤、眼睛可能形成极大威胁的环境；污染环境有限或通风条件很差的环境。

防液体溅射防护服（B 级）（如图 5-15 所示）可以防护液体化学物质的溅射，但对持续接触的化学物质、气体化学物质或化学物质的蒸气的防护能力较差，其对呼吸系统的保护水平可达到 A 级，而对皮肤和眼睛的保护水平比 A 级低。主要用于污染环境中化学物质的成分和浓度不需要很高的皮肤防护等级的环境。

图 5-14　气体密闭型防护服　　图 5-15　防液体溅射防护服

增强功能型防护服（C 级）能防护有毒液体的喷射对人体产生的有害作用，但不能防护有毒化学物质的蒸气或气体。主要用于污染环境中的化学物质的成分和浓度不会对暴露的皮肤造成损害的场合，以及污染源空气中的毒性物质的成分和浓度不会立即对生命和健康造成损害的环境，如伤病人员的救护、炭疽等有害物质的处理等。这类防护服不能用于处理突发事件或化学物质的威胁程度不确定的情况。

一般型防护服（D 级）只能提供最低程度的皮肤保护，不能保护呼吸系统，主要应用于已知污染环境的空气中无明显危险的场合，以及工作场所中无液体飞溅，无浸入液体或接触任何有害化学物质的环境。这类防护服不能在对呼吸道和皮肤有危害的场合穿戴，不能在高温环境中使用，操作环境中的氧体积分数不能小于19.5%。

（10）医用防护服。医用防护服主要用于医护人员、环卫人员在医疗、卫生防疫、公共卫生突发事件中预防病菌、病毒感染的个人防护装备，其面料一般为复合共聚物涂层的机织物和经过抗菌处理的非织造织物防护材料。

（三）防护服的选用和维护

（1）质量检查。防护服使用前，应对照产品技术条件检查其质量。

（2）熟悉性能。认真阅读产品说明书，熟悉其性能及注意事项，进行必要的穿着训练。

（3）按说明书介绍的方法使用。

（4）要重视防护服的使用条件，不可超限度使用。

（5）特殊作业防护服使用完毕，应进行检查、清洗、晾干保存。产品应存放在干燥通风、清洁的库房。以橡胶为基料的防护服，用后要用肥皂水洗净、晾干，撒些滑石粉后存放；以塑料为基料的防护服，一般只在常温下清洗、晾干保存；以特殊织物为基料的防护服，如等电位均压服、防微波服、防静电服等要远离油污，保持干燥，防止腐蚀性物质腐蚀。

八、坠落防护用品

据统计，坠落死亡事故占工业死亡事故总数的13%~15%，5 m以上高处作业坠落事故约占全部坠落事故的20%，5 m以下高处作业坠落事故约占80%。建筑施工大部分的作业均是高处作业，高处坠落事故数量远远超过其他类型的事故。

预防坠落事故的方法主要包括通过安全带（绳）将高处作业人员的身体系于固定物体上，或在作业场所下方张网。正确使用坠落防护用品可以在很大程度上预防坠落事故的发生。

（一）坠落防护用品的分类

坠落防护用品主要包括安全带、安全网及其他防护用品。

1. 安全带

（1）安全带的组成。安全带是作业人员在高处作业时佩戴的，防止人员从高处坠落，避免、减少作业人员受坠落伤害的防护用品，由安全背带、护腰带及各种金属挂件等组成，如图 5-16 所示。

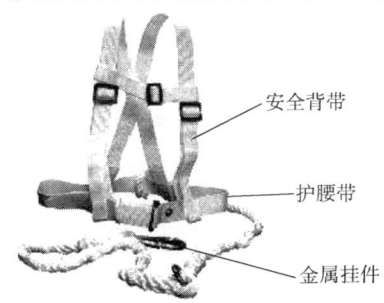

图 5-16　安全带结构图

安全背带是指装配在安全带上，防止人体坠落的背在人体上部的宽带。

护腰带是指附有柔软材料，附加在腰带上保护作业人员腰部的带子。护腰带的宽度约为腰带的 2 倍，能将冲击力分解到较大面积上，减小腰部单位面积的受力。

金属配件由普通碳素钢、铝合金钢或其他符合强度要求的材料制成，安装在安全带上，起连接和悬挂作用，有半圆环、葫芦钩、安全钩、攀登钩、移动钩、自锁钩等十几种。

（2）安全带的种类。安全带可以根据其作业性质和结构形式的不同，分为不同类型，具体如下。

①按作业性质分类，可将安全带分为 3 类。

a. 围杆作业安全带。适用于电气、电信、园林等行业的杆上作业。

b. 悬挂作业安全带。适用于建筑、造船、安装等行业的作业。

c. 攀登作业安全带。适用于攀登作业。

②按结构形式分类，安全带可分为 5 类。

a. 双背带式安全带（还配有腿带、胯带等）。

b. 单腰带式安全带。

c. 防下脱式安全带（有胸带，多用于围杆作业）。

d. 自锁式安全带。指在安全绳上装有自锁钩的安全带，应与专用的吊绳配套使用。其工作原理是：正常工作时，自锁钩在吊绳上可自由移动，以满足不同作业点的工作需要；当发生坠落时，自锁钩在冲击力的作用下，立即卡住吊绳，从而有效地制止人体继续下坠。

e. 速差式安全带。指装有速差自控器的安全带。其工作原理是：将安全绳缠在速差自控器内的圆盘上，正常工作时，可以拉出任意长度的安全绳；当发生坠落时，受瞬时产生的冲击力的影响，安全绳带动圆盘快速转动，致使有制动功能的棘轮由于惯性作用而马上卡住转动的圆盘，从而有效地控制人体继续下坠。

2. 安全网

（1）安全网的组成。安全网是用来防止高处作业人员从作业面坠落，避免或减轻坠落伤亡，或防止生产作业中使用的物体坠落而伤及作业面下方人员的网体，是高处作业人员常用的防护用品，由网体、边绳、系绳等组成。

（2）安全网的种类。目前，国内广泛使用的安全网主要有3种形式，即安全平网、安全立网和密目式安全立网。

①安全平网的安置面或平行于水平面，或与水平面成一定夹角，用来接住坠落人员或坠落物。

②安全立网和密目式安全立网的安置面垂直于水平面，用来围住高空作业面，挡住人或坠落物。密目式安全立网还具有防止作业人员使用的较小工具掉下砸伤人的作用。

3. 其他坠落防护用品

坠落防护用品还有井下作业的三脚架救生系统，高楼清洗安全吊板、救生缓降器、简易救生缓降带、救生梯、逃生软梯、简易逃生伞等设备。

（二）坠落防护用品的使用及维护

1. 安全带的使用注意事项

（1）应选用检验合格的安全带产品。使用和采购之前，应检查安全带的外观和结构,检查部件是否齐全完整、有无损伤,金属配件是否符合要求,产品和包装上有无合格标志,是否存在影响产品质量的其他缺陷。发现产品损坏或规格不符合要求时,应停止使用,及时调换。

(2)高挂低用是指安全绳挂高处,人在下面工作,使用3 m以上的长绳时,应加缓冲器,必要时,可以联合使用缓冲器、自锁钩、速差式自控器。

(3)不能将安全绳打结使用,以免发生冲击时安全绳从打结处断开。应将安全钩挂在连接环上,不能直接挂在安全绳上,以免坠落时安全绳被割断。

(4)作业时应将安全带的钩、环牢固地挂在系留点上,卡好各个卡子并关好保险装置,以防脱落。

(5)不得私自拆换安全带上的各种配件。更换新件时,应选择符合标准的配件。

(6)应将安全带储藏在干燥、通风的仓库内,不要接触高温、明火、强酸、强碱和尖利的硬物,也不能暴晒。搬运时不能用带钩刺的工具,运输过程中要防止日晒雨淋。

2. 安全网的使用注意事项

(1)安装前要检查安全网和支撑物。检查安全网的标志与所选用的类型、规格是否相符;检查网体外观是否存在破损,是否存在影响使用的缺陷;检查支撑物是否有足够的强度、刚度和稳定性;系结安全网的地方应无尖锐的边缘,确认没有异常后方可安装。

(2)安装时,每片安全网上的每根系绳都要系结在支撑物(如脚手架等)上,以防止安全网松脱。系绳的系结点应沿网边均匀分布,安装有筋绳的安全网时,筋绳也应系结在支撑物上,否则起不到加强网的作用。安装后,要检查是否有漏装现象,特别是在拐弯处。

(3)平网安装时,网面不宜绷得过紧,平网的安装平面或与水平面平行,或外高里低(一般以15°为宜)。平网安装后应有一定的下陷,网面与下方物体表面的最小距离为3 m。当网面与作业面的高度差大于 5 m 时，网体应最少伸出建筑物（或最边缘作业点）4 m；当网面与作业面的高度差小于 5 m 时，网体应最少伸出建筑物（或最边缘作业点）3 m，两层平网间的距离不得超过 10 m。

（4）立网的安装平面应与水平面垂直，网平面与作业面边缘的间隙不能超过 10 cm。

（5）安全网安装完毕，经检查合格后方可使用。应经常对使用中的安全网进行外观检查，及时清除网上落物，如发现异常现象，应及时更换。

（6）被保护区域的全部作业停止后才可以拆除安全网。拆除时应自上而下并须在有经验的专业人员严密监督下进行。拆除人员要根据现场条件采用其他的防护措施，如戴安全帽、系安全带等。

九、护肤用品

在生产作业环境中，常常存在各种化学的、物理的、生物的危害因素，对人体暴露的皮肤不断产生刺激作用，进而引起皮肤的病变，如职业性痤疮、溃疡、角化过度、痒疹、糜烂、毛发改变、指甲改变等。据统计，职业性皮肤病人数约占整个职业病人数的 45% 以上，而 90% 的职业性皮肤病是可以预防的。为了保护皮肤免受侵害，除采用防护面罩、工作服和手套等防护用品外，还需辅助使用护肤用品。

（一）护肤用品的分类

常用的护肤用品有护肤剂、皮肤清洁剂和皮肤防护膜等。

1. 护肤剂

护肤剂是指涂抹在皮肤上，能隔离有害因素的护肤用品。护肤剂可用于防止各种物理、化学因素对皮肤的危害，如各种漆类、酸碱溶液、紫外线等。护肤剂涂在皮肤上可形成黏性被覆体和韧性膜，除一般防护作用外，有的还具有氧化、还原、中和、络合、散射以及改变毒物性质的特殊功能。护肤剂按其成分可分为油脂性和非油脂性两种，其中以油脂性较常用；按其防护对象可分为防一般污染剂、防水剂、防脂性制剂、防光感性油膏、防酸剂和防碱剂六类。

（1）防一般污染剂。最常见的是类似雪花膏的民用护肤剂，用硬脂酸、碳酸钠、甘油和水配制而成，对粉尘、玻璃纤维和重油等具有一定的隔离作用。

（2）防水剂。适用于存在各种溶剂、树脂、碱、黏合剂、粉尘等的作业场所，涂抹一次效力可持续 3~4 h。甲基硅油是一种有效的防水剂，常用硬脂酸锌配制而成，涂抹后容易形成薄膜，其特点是不溶于水、不影响皮肤透气、毒性低、对紫外线不敏感等，除能防水防潮外，还具有防晒、防沥青、防粉尘等性能。

（3）防脂性制剂。明胶、邻苯二甲酸二丁酯、聚乙烯醇缩醛、乙基纤维素等涂于皮肤上，均能形成薄膜，能防御汽油、苯、生漆、农药和有毒粉尘等侵害皮肤。防脂性制剂可用滑石粉、淀粉、甘油、植物油和硼酸等制成。

（4）防光感性油膏。经光线长时间照射后助长光对皮肤刺激反应的物质叫光敏性物质，如沥青、焦油等。因此防光感性油膏不仅要防光敏性物质附着于皮肤上，而且还应有遮断光线的作用。其中，二氧化三铁对紫外线透过率小、散射率大，而氨基苯甲酸和水杨酸对紫外线有较好的吸收作用，可防晒、防沥青烟。

（5）防酸剂。利用碳酸氢钠能中和酸的性质，以碳酸氢钠为主，辅以滑石粉、淀粉和甘油等可制成防酸剂。

（6）防碱剂。利用硼酸能中和碱的性质，可用硼酸、硬脂酸、氧化锌和植物油等制成防碱剂。

2. 皮肤清洁剂

皮肤清洁剂的主要功能是清洗沾染在皮肤或工作服上的尘毒等有害物质，其原理是通过润湿、分散、乳化等作用来达到洗涤的目的。皮肤清洁剂应易溶于水中，它除了清除污物外，还应具有消毒杀菌的作用，且不会过多地洗去皮肤上的天然脂肪，对皮肤无过敏和刺激作用。

3. 皮肤防护膜

皮肤防护膜又称隐形手套，能在皮肤表面形成一个透明、耐洗、不透水、不透油但透气的保护层，有效保护时间可达 4 h，可预防汽油、柴油、机油、油漆等物质对皮肤的伤害。

(二) 护肤用品选用注意事项

(1) 配制的护肤剂要同肤色接近，软硬适度，无异味，不妨碍皮脂腺分泌，不易被汗水冲掉，不引起皮肤过敏、突变和癌变等。

(2) 选用护肤剂，要考虑作业场所有害物质的种类及工作性质。例如，在容易出汗的作业岗位上的作业人员宜选用油脂性护肤剂，野外作业人员和接触沥青的作业人员宜选用防光感性油膏。

(3) 作业人员涂护肤剂时，皮肤应清洁、干燥，并尽量涂均匀。一般护肤剂的有效防护时间为 3~4 h，超过这个时间，应重新涂抹。

本 章 小 结

1. 工作场所中的职业病危害因素主要可分为三类，一是生产工艺过程中产生的职业病危害因素，包括化学因素（生产性毒物、生产性粉尘）、物理因素（噪声和振动、非电离辐射、异常气象条件、异常气压、电离辐射）、生物因素等；二是劳动过程中的职业病危害因素；三是生产环境中的职业病危害因素。

2. 劳动者在生产过程中过量接触生产性毒物引起的中毒，称为职业中毒。生产性毒物进入人体的途径有三种，分别是呼吸道、皮肤和消化道，其中最主要的途径是经呼吸道进入人体；其次是经皮肤进入人体；经消化道进入人体的，仅在特殊的情况下发生。

3. 个体防护用品分为十类：防御物理、化学和生物危险、有害因素对头部伤害的头部防护用品；防御缺氧空气和空气污染物进入呼吸道的呼吸防护用品；防御物理和化学危险、有害因素对眼面部伤害的眼面部防护用品；防噪声危害及防水、防寒等的耳部防护用品；防御物理、化学和生物危险、有害因素对手部伤害的手部防护用品；防御物理和化学危险、有害因素对足部伤害的足部防护用品；防御物理、化学和生物危险、有害因素对躯干伤害的躯干防护用品；防御物理、化学和生物危险、有害因素损伤皮肤或引起皮肤疾病的护肤用品；防止高处作业劳动者坠落或者高处落物伤害的坠落防护用品；其他防御危险、有害因素的劳动防护用品。

复习思考题

1. 工作场所中常见的职业病危害因素有哪些？
2. 高温作业应采取哪些防护措施？
3. 生产性毒物进入人体的最主要途径是什么？
4. 佩戴安全帽的注意事项有哪些？
5. 佩戴耳部防护用品的注意事项有哪些？

第六章 事故应急管理

本章学习目标
1. 掌握应急管理的四个主要环节。
2. 熟悉企业应急管理体系的组成。
3. 熟悉应急预案的编制。
4. 掌握心肺复苏、止血包扎等几种常见的急救技术。

第一节 应急管理体系

一、应急管理体系概述

应急管理体系是指一个机构、一个地区,乃至一个国家的应急管理相关要素构成的一个整体,具体包括应急管理的主体、过程、规范以及应急保障四个方面。这些要素解决了应急管理由谁做(主体)、做什么(过程)、依据什么做(规范)、使用什么资源做(应急保障)的问题。

(一) 应急管理主体

应急管理主体是指在应急管理过程中承担突发事件应对职责的组织机构和个人。这其中,政府系统是应急管理的主导性主体。

(二) 应急管理过程

应急管理过程是指应急管理活动的各工作环节所组成的有机整体,包括突发事件事前、事中以及事后各环节的管理。《突发事件应对法》规定的突发事件应对包括预防与应急准备、监测与预警、应急处置与救援、事后恢复与重建,这也是对应急管理的四个主要环节的界定。

1. 预防与应急准备

预防是应急管理最基础、最经济的重要环节,是防患于未然的阶段。应急准备主要是围绕应急响应工作所进行的物资、技术、管理等方面的应急保障资源准备,准备充分了,就算发生事故了也可以在事故初期就将事故控制住,或者将事故损失降到最小。因此要坚决摒弃"重处置轻预防""重事后轻事前"的理念,牢记"居安思危"的道理,坚持底线思维,做好预防与应急准备工作。

2. 监测与预警

监测与预警是预防与应急准备的延伸,事故的早发现、早报告、早预警,是有效预防、减少事故的发生,控制、减轻和消除事故引起的社会危害的重要保障。监测与预警机制是应急管理的主体根据以往应对事故的经验、教训,迅速思考,并运用现有的方法与技术,对事故出现的条件、变化趋势等做出的科学估计与推断,同时对事故发生的可能性及其危害程度进行估量和发布,从而及时提醒企业员工做好准备、迅速反应、及时规避风险、尽可能减少损失和伤害。

3. 应急处置与救援

应急处置与救援是应急管理过程中最关键的阶段,旨在快速反应、有效应对,最大限度地保障人民生命财产安全,最大限度地减少事故造成的损失。应急处置与救援机制是在事故发生后,在时间、资源、资金、能力有限的情况下,根据事故的性质、特点和危害程度,对事故进行有效响应,以降低企业员工生命、健康与财产所遭受损失的程度。在应急管理的四个环节中,应急处置与救援的复杂程度最高,因为它处于时间和信息有限、高度紧张、对于事故的走向也具有不确定性的情境之中。

4. 事后恢复与重建

事后恢复与重建是应急管理过程中的最后环节,旨在尽快恢复正常的生产、生活、工作和社会秩序,妥善解决应急处置过程中引发的矛盾和问题,并进入一个新阶段——事故的后处理阶段,重在提高企业事故防范能力和应急管理能力。

(三) 应急管理规范

应急管理规范是以法律法规为统领的制度体系，其中包括了国家法律法规、技术标准以及各类组织内部的各种应急管理制度。

1. 法律法规

（1）应急管理法律。应急管理法律是国家针对应急管理领域制定的，通过人民代表大会常务委员会审议通过，并以国家强制力保障实施的突发事件应对及事故灾害报告、响应、处置、救援、调查等应急管理工作的规范体系。

应急管理法律主要涉及两类：一是专门性的应急管理法律，如《突发事件应对法》《防震减灾法》等；二是相关性的应急管理法律，如《安全生产法》《消防法》《中华人民共和国矿山安全法》《中华人民共和国道路交通安全法》等。

（2）应急管理法规。法规是法令、条例、规则、章程等法定文件的总称，是国家机关制定的规范性文件。应急管理法规则是指法律效力相对低于法律的规范性文件。

应急管理法规主要是事故灾难突发事件应对的相关法规，主要包括《生产安全事故报告和调查处理条例》《生产安全事故应急条例》《生产安全事故应急预案管理办法》《中华人民共和国矿山安全法实施条例》《工伤保险条例》等。

2. 技术标准

应急技术标准是针对应急管理领域中需要协调统一的技术事项所制定的标准。它根据不同时期科技水平和实践经验，针对具有普遍性和重复出现的技术问题，提出最佳解决方案，以解决我国应急人员大多凭借自身经验解决问题，容易导致应急管理工作滞后甚至失误的问题。

企业员工需要根据自身的专业领域范畴，主动了解相关的应急技术标准，如石油化工行业的应急技术标准包括《陆上油气管道建设项目安全评价导则》（AQ/T 3057—2019）、《陆上油气管道建设项目安全验收评价导则》（AQ/T 3056—2019）、《陆上油气管道建设项目安全设施设计导则》（AQ/T 3055—2019）、《地质勘查安全防护与应急救生用品（用具）技术规范》（AQ/T 2071—2019）等；保险行业的应急技术标准包括《安全生产责任保险事故预防技术服务规范》（AQ 9010—2019）等；矿山行业的应急技术标准包括《金属非金属矿山在用设备设施安全检测检验目录》（AQ/T 2075—2019）、《金属非金属矿山在用设备设施安全检测检验报告通用要求》（AQ/T 2074—2019）等。

3. 应急管理制度

应急管理制度是政府或企业为了预防和控制潜在的事故，在事故发生前做好应急准备工作，或在紧急情况发生时有序开展应急响应，以最大限度地减轻可能产生的事故后果而制定的管理类制度。

企业员工应当主动了解企业应急管理工作的重要性，掌握企业制定的各项应急管理制度，企业应急管理制度主要包括以下三个方面。

（1）应急预案管理制度，包含应急预案的编制、审核、印发和发布、修订完善、评估管理、备案管理、培训、演练等内容。

（2）应急物资储备管理制度，包括物资统计汇总报告、基础设施建设、督导检查。

（3）应急队伍管理制度，包括应急管理专家队伍建设、应急工作评估分析、应急队伍培训、志愿者选拔和培训等。

（四）应急保障

应急保障是指对突发事件应对活动的各种保障性工作所构成的整体。应急保障包括人员保障、资金物资与场所保障、信息通信体系保障、应急产业保障等。这些内容既是总体突发事件应对的保障，也是应急管理发挥作用的重要物质基础与保障。

二、企业应急管理体系组成

企业是生产经营活动的主体，是保障安全生产和应急管理的根本和关键所在。做好应急管理工作，强化和落实企业主体责任是根本，强化落实企业主要负责人是应急管理第一责任人是关键，这已经被我国的安全生产和应急管理实践所证明。企业主要负责人作为应急管理的第一责任人,必须对本单位应急管理工作的各个方面、各个环节负责,而不是仅仅负责某些方面或者部分环节;必须对本单位应急管理工作全程负责,不能间断;必须对应急管理工作负最终责任,不能以任何借口规避、逃避。实践证明,只有建立健全应急管理责任体系,才能做到责任明确、各负其责;才能更好地互相监督、层层落实责任,真正使应急管理有人抓、有人管、有人负责。因此,层层建立应急管理责任体系是企业加强应急管理的最为重要的途径。应急管理体系可以从以下四个方面进行构建。

1. 开展危险源识别和风险评估

企业应急管理体系必须具有针对性,因此必须要充分了解本企业的情况,包括本企业可能存在哪些危险有害因素和危险源,以及可能发生的事故类型,只有深入了解这些,才能构建出针对本企业行之有效的应急管理体系。为此,企业要定期开展危险源辨识,重点关注电气设备、危险化学品、特种设备等,另外也要排查高风险作业,主要包括高处作业、动火作业以及有限空间作业等,同时结合现场实际情况、危险源管控情况、安全防护情况开展风险评估。根据危险源辨识结果和风险评估结果,对企业可能发生的事故类别进行确定,以此制定出每类事故的应急管理体系。

2. 构建层次分明的应急预案体系

在识别潜在危险和事故类别的基础上,按照生产安全事故应急体系层次的不同,建立层次分明的应急预案体系,包括综合应急预案、专项应急预案、现场处置方案、生产安全事故评估、应急资源调查报告和附录六个部分。综合应急预案是一个综合性文件,它对应急组织结构及其相应职责、应急处置行动、应急保障等都做出了要求,专项应急预案主要是针对某种特有的、具体的或者高风险作业中出现的事故所制订的计划和方案,现场处置方案是针对具体的场所、设备设施、岗位制定的应急处置措施。

3. 建设企业应急管理体系

企业应依法建立应急指挥部,根据事故情况指挥应急处置,企业应急总指挥、副总指挥分别由企业总经理和副总经理担任,充分体现主要负责人作为安全生产第一责任人的基本要求,并根据现场指挥的实际，安排运营总监（主管生产）担任现场指挥，充分体现管生产必管安全的原则，同时根据应急的相关需求，组建应急救援队伍。其中典型的设置包括：

（1）抢险救援组。负责现场救援、处置突发险情，扑救火灾和处理化学品泄漏等。

（2）疏散引导组。负责在事故发生时引导人员疏散，快速撤离。

（3）通信联络组。负责内外的通信联络，尤其是与附近企业和医疗、消防救援部门建立及时有效的联络，还负责事故情况通报，传达应急指挥部的指令。

（4）医疗救护组。负责现场的急救和护理。

（5）警戒治安组。维持事故发生地秩序，设立和管理警戒线。

（6）后勤保障组。应急物资的日常管理和应急供应等。

4. 构建应急资源体系

俗话说"巧妇难为无米之炊"，要构建企业应急管理体系，应急资源的保障必不可少，企业应根据自身存在的危险源情况和事故类别，配备相应的应急物资，如消防设施、急救物品、逃生时的个人防护用品等。此外，这些物资还需要安排专门部门和专人进行管理和定期检查，保证物资处于可用、有效状态。尤其是消防器材，要按时检验是否过期、是否放在正确的位置，并检查逃生通道是否畅通无阻。要加强应急资源的日常检查和维护，做好应急保障。

第二节　应急预案

一、应急预案建立依据

应急预案又称应急计划，是针对可能的重大事故（件）或灾害，为保证迅速、有序、有效地开展应急与救援行动，降低事故损失而预先制订的有关计划或方法。它是在辨识和评估潜在的重大危险，事故的类型、发生的可能性、发生过程、后果及影响严重程度的基础上，对应急机构与职责、人员、技术、装备、设施设备、物资、救援行动及其指挥与协调等方面预先做出的具体安排。应急预案明确了在突发事故发生之前、发生过程中以及刚刚结束之后,谁负责,做什么,何时做,以及相应的策略和资源准备等。

企业应根据《安全生产法》《职业病防治法》《消防法》《危险化学品安全管理条例》的要求以及《生产安全事故应急预案管理办法》和《生产经营单位生产安全事故应急预案编制导则》等法律法规和规章的指导,建立适合本单位的应急预案。

按适用对象范围划分,生产经营单位应急预案可分为综合应急预案、专项应急预案和现场处置方案三个层次。

二、应急预案的编制过程

应急预案的编制过程可分为五个步骤。

1. 成立预案编制小组

企业应首先委任预案编制小组的负责人,确定预案编制小组的成员。成员应来自企业管理、安全、生产操作、保卫、设备、卫生、环境、维修、人事、财务等应急救援的相关部门。

2. 危险分析和应急能力评估

为了准确策划应急预案的编制目标和内容,预案编制小组首先应进行初步的资料收集,包括相关法律法规、各层级应急预案、技术标准、国内外同行业事故案例分析、本单位技术资料、本单位重大危险源情况等,从而开展危险分析和应急能力评估工作。

3. 应急预案编制

应急预案编制小组在编制应急预案的过程中,应注意包含的要点有:对企业生产过程中的危险因素和事故危害进行辨识、分析;对应急物资进行确认和准备;建立场内外配合默契、运转灵活的应急组织;确保有符合现实、实用性强的应急行动措施;有事故发生后现场及时清理的措施;对应急系统中各组织和人员的职责进行明确。

4. 应急预案评审与发布

应急预案编制完成后,应进行评审。评审分为内部评审和外部评审:内部评审由本单位主要负责人组织有关部门和人员进行；外部评审由上级主管部门或地方政府有关部门组织审查。评审后，按规定报有关部门备案，并经生产经营单位主要负责人签署发布。

5. 应急预案实施

应急预案签署发布后，企业应广泛宣传，使全体员工了解应急预案中的有关内容；积极组织应急预案培训工作，使各类应急人员掌握、熟悉或了解应急预案中与其承担职责和任务相关的工作程序、标准等内容。

综合上述分析，可将应急预案的编制过程汇总，如图 6-1 所示。

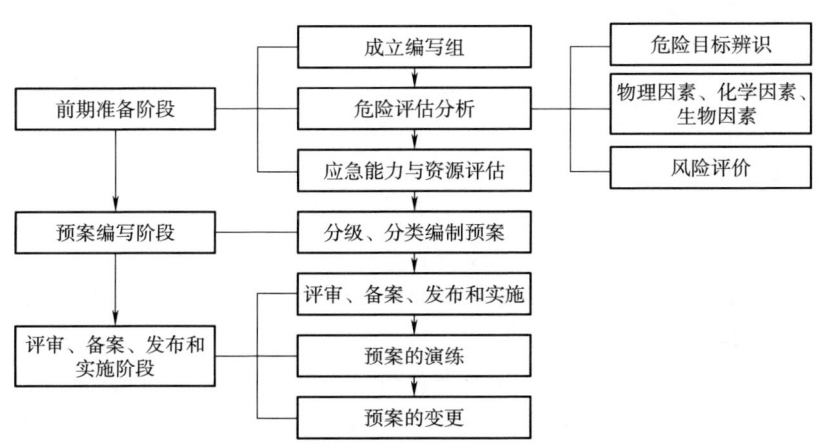

图 6-1 应急预案的编制过程

三、应急预案编制要求

事故应急救援应在预防为主的前提下，贯彻统一指挥、分级负责、区域为主、自救与社会救援相结合的原则。按照分类管理、分级负责的原则制定应急预案，上一级预案的编制应该以下一级预案为基础。应急救援预案编制应体现科学性、实用性、权威性及从重从大、分级分类的原则，在全面调查的基础上，实行领导与专家相结合的方式，开展科学分析和论证，最终制定出严密、统一、完整的生产安全事故应急救援预案。应急预案应符合企业的客观实际情况，具有实用性、可操作性，并明确救援工作的管理体系、救援行动的组织指挥机构和各级救援组织的任务和职责，确保做到统一指挥和协调。

四、应急预案的核心要素

1. 方针与原则

应急预案应能够反映应急救援工作的优先方向、政策、范围和总体目标（如保护人员安全优先，防止和控制事故蔓延优先，保护环境优先），体现预防为主、常备不懈、统一指挥、高效协调以及持续改进的思想。

2. 应急策划

（1）危险分析。目的是为应急准备、应急响应和减灾措施提供决策和指导依据，包括危险识别、脆弱性分析和风险分析。危险分析的结果应能提供：

①地理、人文（包括人口分布）、地质、气象等信息；

②城市功能布局（包括重要保护目标）及交通情况；

③重大危险源分布情况和主要危险物质种类、数量及理化、消防等特性；

④可能发生的重大事故种类及对周边的影响后果分析；

⑤易发生事故的特定时段（例如人群高峰时间、节假日、大型活动等）；

⑥可能影响应急救援的不利因素。

（2）资源分析。针对危险分析所确定的主要危险，列出可用的应急力量和资源，包括：

①城市的各类应急力量的组成及分布情况；

②各种重要应急设备、物资的准备情况；

③上级救援机构或相邻城市可用的应急资源。

通过分析已有能力的不足，为应急资源的规划与配备、与相邻地区签订互助协议和预案编制提供指导。

（3）法律法规要求。列出国家和地方对应急管理的职责要求以及应急预案、应急准备和应急救援有关的法律法规文件，作为预案编制和应急救援的依据和授权。

3. 应急准备

（1）机构与职责。建立完善的应急机构组织体系，包括城市应急管理的领导机构、应急响应中心以及各有关机构部门等。对应急救援中承担任务的所有应急组织明确相应的职责、负责人、候补负责人及联络方式。

（2）应急资源。根据潜在事故的性质和后果分析，合理组建专业和社会救援力量；配备应急救援中所需的消防手段、各种救援设备、监测仪器、堵漏和清消材料、交通工具、劳动防护用品、医疗设备和药品、生活保障物资等，并定期检查、维护与更新，保证其始终处于完好状态。

（3）教育、训练与演练。对公众的日常教育作出规定，尤其是位于重大危险源周边的人群，应使其了解潜在危险的性质和对健康的危害，掌握必要的自救知识，了解预先指定的主要及备用疏散路线和集合地点，了解各种警报的含义和应急救援工作的有关要求。应急训练的基本内容包括基础培训与训练、专业训练、战术训练及其他训练等。预案演练包括桌面演练和实战模拟演练。

（4）互助协议。与邻近的城市或地区建立正式的互助协议，并做好相应的安排，以便在应急救援中及时得到外部救援力量和资源的援助。此外，也应与社会专业技术服务机构、物资供应企业等签署相应的互助协议。

4. 应急响应

（1）接警与通知。迅速、准确地向报警人员询问事故现场的重要信息，接警后按预先确定的通报程序，迅速向有关应急机构、政府及上级部门发出事故通知。

（2）指挥与控制。建立分级响应、统一指挥、协调和决策的程序，迅速有效地进行应急响应决策，划分现场工作区域，确定重点保护区域和应急行动的优先原则，指挥和协调现场各救援队伍开展救援行动，合理高效地调配和使用应急资源。

（3）警报和紧急公告。明确在发生重大事故时，如何向受影响的公众发出警报，包括什么时候启动警报系统、谁有权决定启动警报系统、各种警报信号的不同含义、警报系统的协调使用、可使用的警报装置的类型和位置以及警报装置覆盖的地理区域。决定实施疏散时，应通过紧急公告确保公众了解疏散的有关信息，如疏散时间、路线、随身携带物、交通工具及目的地等。

（4）通信。说明主要通信系统的来源、使用、维护以及应急组织通信需要的详细情况等，并充分考虑紧急状态的通信保障能力，建立备用的通信系统，以便在现场指挥部、应急中心、各应急救援组织、新闻媒体、医院、上级政府和外部救援机构等之间建立畅通的应急通信网络。

（5）事态监测与评估。建立对事故现场及场外进行监测和评估的程序，包括由谁来负责监测与评估活动、监测仪器设备及监测方法、实验室化验及检验支持、监测点的设置及现场工作和报告程序等。

可能的监测活动包括：事故影响边界，气象条件，对食物、饮用水以及水体、土壤、农作物等的污染，可能的二次反应有害物，爆炸危险性，受损建筑垮塌危险性以及污染物质滞留区等。

（6）警戒与治安。在事故现场周围建立警戒区域，实施交通管制，防止与救援无关的人员进入事故现场，保障救援队伍、物资运输和人群疏散等的交通畅通，并避免发生不必要的伤亡。警戒与治安工作还应该包括协助发出警报、现场紧急疏散、人员清点、传达紧急信息、执行指挥机构的通告、协助事故调查等。对危险物质事故，必须列出警戒人员有关个体防护的准备。

（7）人群疏散与安置。对疏散的紧急情况和决策、预防性疏散准备、疏散区域、疏散距离、疏散路线、疏散运输工具、安全场所以及回迁等作出细致的规定和准备，为此应考虑疏散人群的数量、所需要的时间和可利用的时间、风向等条件变化以及老弱病残等特殊人群的疏散等问题。对已实施临时疏散的人群，要做好临时生活安置，保障必要的水、电、卫生等基本条件。

（8）医疗与卫生。针对可能的重大事故，明确为现场急救、伤员运送、治疗及健康监测等所做的准备和安排，包括可用的急救资源列表，综合医院、职业中毒治疗医院及烧伤等专科医院的列表，抢救药品、医疗器械、消毒和解毒药品等的供给情况。医疗人员必须了解主要危险对人群造成伤害的类型，并经过相应的培训，掌握对受危险化学品伤害的人员进行正确消毒和治疗的方法。

（9）公共关系。明确信息发布的审核和批准程序，保证发布信息的统一性；指定新闻发言人，适时举行新闻发布会，准确发布事故信息，澄清事故传言；为公众咨询、接待、安抚受害人员家属作出安排。

（10）应急人员安全。对应急人员自身的安全问题进行周密的考虑，包括安全预防措施、个体防护等级、现场安全监测等，明确应急人员进出现场和紧急撤离的条件和程序，保证应急人员的安全。

（11）消防救援。对消防救援工作的组织，消防救援所需的设施、器材和物资，人员的培训，行动方案以及现场指挥等做好周密的安排和准备。

（12）泄漏物控制。明确对泄漏的危险物质和溶解了有毒蒸气的灭火用水的收容装备（泵、容器、吸附材料等）、洗消设备（包括喷雾洒水车辆）及洗消物资，并建立洗消物资供应企业的通信名录，保障对泄漏物的及时围堵、收容、洗消和妥善处置。

5. 现场恢复（短期恢复）

现场恢复工作包括宣布应急结束的程序，撤点、撤离和交接程序，恢复正常状态的程序，现场清理和受影响区域的连续检测，事故调查与后果评价等。目的是控制此时仍存在的潜在危险，将现场恢复到一个基本稳定的状态，为长期恢复提供指导和建议。

6. 预案管理与评审改进

对预案的制定、修改、更新、批准和发布作出管理规定，并保证定期或在应急演练、应急救援后对应急预案进行评审，针对实际情况的变化以及预案中所暴露出的缺陷，不断地更新、完善和改进应急预案文件体系。

总之，事故应急预案的核心要素详见表6-1。

表 6-1　事故应急预案的核心要素

级号	要素内容	级号	要素内容
1	方针与原则	4.3	警报和紧急公告
2	应急策划	4.4	通信
2.1	危险分析	4.5	事态监测与评估
2.2	资源分析	4.6	警戒与治安
2.3	法律法规要求	4.7	人群疏散与安置
3	应急准备	4.8	医疗与卫生
3.1	机构与职责	4.9	公共关系
3.2	应急资源	4.10	应急人员安全
3.3	教育、训练与演练	4.11	消防救援
3.4	互助协议	4.12	泄漏物控制
4	应急响应	5	现场恢复（短期恢复）
4.1	接警与通知	6	预案管理与评审改进
4.2	指挥与控制		

第三节　应急演练

应急演练是在事先虚拟的事件（事故）条件下，应急指挥体系中各个组成部门、单位或群体的人员针对假设的特定情况，执行实际突发事件发生时各自职责和任务的排练活动。简单地讲，应急演练就是一种模拟突发事件发生的应对演习。实践证明，应急演练能在突发事件发生时有效减少人员伤亡和财产损失，并加快从各种灾难中恢复正常状态的速度。

一、应急演练的目的和意义

1. 应急演练的目的

（1）检验预案。通过开展应急演练，查找应急预案中存在的问题，进而完善应急预案，提高应急预案的实用性和可操作性。

（2）完善准备。通过开展应急演练，检查突发事件所需的应急队伍、物资、装备、技术等方面的准备情况,发现不足时应及时予以调整补充,做好应急准备工作。

(3)锻炼队伍。通过开展应急演练,增强演练组织单位、参与单位和人员等对应急预案的熟悉程度,提高其应急处置能力。

(4)磨合机制。通过开展应急演练,进一步明确相关部门和人员的职责任务,理顺工作关系,完善应急机制。

(5)科普宣教。通过开展应急演练,普及应急知识,提高企业员工风险防范意识和自救互救等突发事件应对能力。

2. 应急演练的意义

(1)提高应对突发事件风险意识。开展应急演练,通过模拟真实事件及相应的应急处置过程,给参与者留下更加深刻的印象,可以使员工直观、感性地进一步认识突发事件。通过提高对突发事件风险源的警惕性,能促使员工在没有发生突发事件时,增强应急意识,主动学习应急知识,掌握应急知识和处置技能,提高自救、互救能力,保障其生命财产安全。

(2)检验应急预案效果的可操作性。通过应急演练,可以发现应急预案中存在的问题,在事件发生前暴露预案的缺点,验证预案在应对可能出现的各种意外情况方面所具备的适应性,找出预案需要进一步完善和修正的地方;可以检验预案的可行性以及应急反应的准备情况,验证应急预案的整体或关键性局部是否可以有效地付诸实施;可以检验应急工作机制是否完善,应急反应和应急救援能力是否还有不足,各部门之间的协调配合是否一致等。

(3)增强突发事件应急反应能力。应急演练是检验、提高和评价应急能力的一个重要手段,通过接近真实情况的应急演练,可以提高各级领导者应对突发事件的分析研判、决策指挥和组织协调能力;可以帮助应急管理人员和各类救援人员熟悉突发事件情景,提高应急熟练程度和实战技能,改善各应急组织机构、人员之间的交流沟通和协调合作;可以让员工学会遇到突发事件时保持良好的心理状态,减轻恐惧感,配合政府及有关部门共同应对突发事件,从而提高整个企业的应急反应能力。

二、应急演练的类型

(一) 按组织形式划分

按组织形式划分,应急演练可分为桌面演练和实战演练。

1. 桌面演练

桌面演练是指参演人员利用地图、沙盘、流程图、计算机模拟、视频会议等辅助手段,针对事先假定的演练情景,讨论和推演应急决策及现场处置的过程。桌面演练首先由应急指挥小组提出模拟的突发事件,呈现模拟的事件场景(可以通过图片、视频、音效等辅助手段,使桌面演练客观环境更逼真),随后根据应急预案,各个应急部门、小组立即响应。

桌面演练通常在室内完成,演练过程中由指挥小组提示各个部门响应的先后顺序,各个响应小组口头响应应急措施。

2. 实战演练

实战演练是指参演人员针对事先设置的突发事件情景及其发展进程,使用与之对应的应急物资和装备,通过判断和处置,真实完成应急响应的过程。通过实战演练,能够检验和提高相关人员的临场组织指挥、队伍调动、应急处置技能和后勤保障等应急能力。实战演练通常要在特定场所完成。

(二) 按内容划分

按内容划分,应急演练可分为单项演练和综合演练。

1. 单项演练

单项演练是指只涉及应急预案中特定应急响应功能或现场处置方案中某些应急响应功能的演练活动。注重针对一个或少数几个参与单位(岗位)的特定环节和功能进行检验。

2. 综合演练

综合演练是指涉及应急预案中多项或全部应急响应功能的演练活动。注重对多个环节和功能进行检验,特别是对不同单位之间应急协调机制和联合应对能力的检验。

(三)按目的与作用划分

按目的与作用划分,应急演练可分为检验性演练、示范性演练和研究性演练。

1. 检验性演练

检验性演练是指为检验应急预案的可行性、应急准备的充分性、应急机制的协调性及相关人员的应急处置能力而组织的演练。

2. 示范性演练

示范性演练是指为向观摩人员展示应急能力或提供示范教学,严格按照应急预案规定开展的表演性演练。

3. 研究性演练

研究性演练是指为研究和解决突发事件应急处置的重点、难点问题,试验新方案、新技术、新装备而组织的演练。

不同的演练类型相互组合,可以形成单项桌面演练、综合桌面演练、单项实战演练、综合实战演练、示范性单项演练、示范性综合演练等。

三、应急演练的组织

应急救援演练应在相关预案确定的应急领导机构或指挥机构的领导下组织开展。演练组织单位要成立由相关单位领导组成的演练领导小组,通常下设策划部、保障部和评估组。对于不同类型和规模的演练活动,其组织机构和职能可以适当调整。根据需要,可成立现场指挥部。

(一)应急演练策划及各组织机构职能介绍

1. 演练领导小组

演练领导小组负责应急演练活动全过程的组织领导,审批决定演练的重大事项。在演练实施阶段,演练领导小组组长、副组长通常分别担任演练总指挥、副总指挥。

2. 策划部

策划部负责应急演练策划、演练方案设计、演练实施的组织协调、演练评估总结等工作。策划部设总策划、副总策划,下设文案组、协调组、控制组、宣传组等。

（1）总策划与副总策划。总策划是演练准备、演练实施、演练总结等阶段各项工作的主要组织者，一般由演练组织单位具有应急演练组织经验和突发事件应急处置经验的人员担任。副总策划协助总策划开展工作，一般由演练组织单位或参与单位的有关人员担任。

（2）文案组。在总策划的直接领导下，负责制订演练计划、设计演练方案、编写演练总结报告以及演练文档归档与备案等，其成员应具有一定的演练组织经验和突发事件应急处置经验。

（3）协调组。负责与演练涉及的医疗、消防救援部门以及本单位有关部门之间的沟通协调，其成员一般为演练组织单位及参与单位的行政、外事等部门的人员。

（4）控制组。在演练实施过程中，在总策划的直接指挥下，负责向演练人员传递各类控制消息，引导应急演练进程按计划进行。其成员最好有一定的演练经验，也可以从其他组抽调，常称为演练控制人员。

（5）宣传组。负责编制演练宣传方案，整理演练信息，利用海报、多媒体屏幕等开展宣传。其成员一般是演练组织单位及参与单位宣传部门的人员。

3. 保障部

保障部负责调集演练所需物资装备（如消防器材、个体防护用品等），购置、制作和布置演练模型、道具、场景，准备演练场地，维持演练现场秩序，保障运输车辆的通道畅通，保障周边人员正常生活和安全保卫等。其成员一般是演练组织单位及参与单位后勤、财务、办公室等部门人员，常称为后勤保障人员。

4. 评估组

评估组负责设计演练评估方案和编写演练评估报告，对演练准备、组织、实施及安全事项等进行全过程、全方位评估，及时向演练领导小组、策划部和保障部提出意见、建议。其成员一般是应急管理专家，以及具有一定演练评估经验和突发事件应急处置经验的专业人员，常称为演练评估人员。评估组可由上级部门组织，也可由演练组织单位自行组织。

（二）应急演练方案的编写

应急演练方案由文案组编写，通过评审后由演练领导小组批准，必要时还需报有关主管单位同意并备案。应急演练方案的主要内容如下。

1. 确定演练目标

演练目标是需完成的主要演练任务及其达到的效果，一般说明"由谁在什么条件下完成什么任务，依据什么标准，取得什么效果"。演练目标应简单、具体、可量化、可实现。一次演练一般有若干项演练目标，每项演练目标都要在演练方案中有相应的事件和演练活动，并在演练评估中有相应的评估标准判断该目标的实现情况。

2. 设计演练情景

演练情景要为演练活动提供初始条件，还要通过一系列的情景事件引导演练活动继续，直至演练完成。演练情景包括演练场景概述和演练场景清单。

（1）演练场景概述。要对每一处演练场景进行简要说明，主要说明事故类别、发生时间和地点、发展速度、强度与危险性、受影响范围、人员和物资分布、已造成的损失、后续发展预测、气象及其他环境条件等。

（2）演练场景清单。要明确演练过程中各项工作在什么时间、什么地点进行。演练场景之间的逻辑关系依赖于事件发展规律、控制消息和演练人员收到控制消息后应采取的行动。

3. 设计评估标准与方法

演练评估是通过观察、体验和记录演练活动，比较演练实际效果与目标之间的差异，总结演练成效和不足的过程。演练评估应以演练目标为基础，每项演练目标都要设计合理的项目评估方法、标准。根据演练目标的不同，可以用选择项（如是/否判断或多项选择）、主观评分（如1分为差、3分为合格、5分为优秀）、定量测量（如响应时间、被困人数、获救人数）等方法进行评估。

为便于演练评估操作，通常事先设计好评估表格，包括演练目标、评估方法、评估标准和相关记录项等，有条件时还可以采用专业评估软件等工具。其中的评估标准表格范例见表6-2。

表6-2 评估标准表格范例

项目序号	内容	分值	评估标准	得分	备注
1	预警与通知	15	①报警人发现是否立即汇报单位、地点、具体位置、人数等情况； ②接警人员接到报警后，是否按照应急预案规定的时间、方式、方法和途径，迅速向可能受到突发事件波及区域的相关部门和人员发出预警通知； ③是否同时报告上级主管部门或当地政府有关部门（根据情况汇报），以便采取相应的应急行动。 每项得分范围为0.5~5分		
2	决策与指挥	30	①是否建立统一应急指挥、协调和决策； ②是否迅速有效地实施应急指挥； ③是否合理高效地调配和使用应急资源，控制事态发展； ④是否有准确协调的处理程序。 每项得分范围为0.5~7.5分		
3	应急通信	10	参与预警、应急处置与救援的各方，特别是上级与下级、内部与外部相关人员通信联络是否畅通，是否能保证各方联系到位。 根据现场实际情况打分		
4	应急监测	5	是否对突发事件现场及可能波及区域的气象条件、有毒有害物质等进行有效监控并进行科学分析和评估，是否能合理预测突发事件的发展态势及影响范围，避免发生次生或衍生事故。 根据现场实际情况打分		

续表

项目序号	内容	分值	评估标准	得分	备注
5	警戒与管制	15	是否能建立合理警戒区域并维护现场秩序，是否采取有效措施防止无关人员进入应急处置与救援现场，是否能保障应急救援队伍、应急物资运输和人群疏散等的交通畅通。 根据现场实际情况打分		
6	疏散、安置、医疗与卫生保障	15	是否合理确定突发事件可能波及区域，及时、安全、有效地撤离、疏散、转移、妥善安置相关人员；是否及时调集医疗救护资源对受伤人员合理检伤并分级，采取有效的现场急救及医疗救护措施，做好卫生监测和防疫工作。 根据现场实际情况打分		
7	现场处置、现场恢复和恢复生产	10	①应急处置与救援过程中，是否按照应急预案规定及相关行业技术标准采取有效的技术与安全保障措施； ②应急处置与救援结束后，是否在确保安全的前提下，实施有效洗消、现场清理和基本设施恢复等工作； ③向企业领导和组演部门汇报救援结果、现场主要情况，请示恢复生产，演练结束。 每项得分范围为 0.1~3.3 分		

总计得分：

注：演练考评结果分为合格和不合格两种情况。80 分（含 80 分）以上为合格；80 分（不含 80 分）以下的为不合格。

①不合格者罚款处理：60 分（不含 60 分）以下罚 200 元；60~70 分（含 60 分，不含 70 分）罚 100 元；70~80 分（含 70 分，不含 80 分）罚 50 元。

②80~90 分（含 80 分，不含 90 分）奖励 200 元。

③90~95 分（含 90 分和 95 分）奖励 500 元。

④95~100 分（不含 95 分）奖励 1 000 元。

4. 编写演练方案文件

演练方案文件是指演练实施的详细工作文件。根据演练类别和规模的不同，演练方案可以编为一个或多个文件，编为多个文件时可包括演练人员手册、演练控制指南、演练评估指南、演练宣传方案、演练脚本等，分别发给相关人员。对涉密应急预案的演练或不宜公开的演练内容，还要制定保密措施。

（1）演练人员手册。其内容主要包括演练概述、组织机构、演练时间、演练地点、参演单位、演练目的、演练情景概述、演练现场标识、演练后勤保障、演练规则、安全注意事项、通信联系方式等，但不包括演练细节。演练人员手册可发放给所有参加演练的人员。

（2）演练控制指南。其内容主要包括演练情景概述、演练事件清单、演练场景说明、参演人员及其位置、演练控制规则、控制人员组织结构与职责、通信联系方式等。演练控制指南主要供演练控制人员使用。

（3）演练评估指南。其内容主要包括演练情景概述、演练事件清单、演练目标、演练场景说明、参演人员及其位置、评估人员组织结构与职责、评估人员位置、评估表格及相关工具、通信联系方式等。演练评估指南主要供演练评估人员使用。

（4）演练宣传方案。其内容主要包括宣传目标、宣传方式、传播途径、主要任务及分工、技术支持、通信联系方式等。

（5）演练脚本。对于重大综合性示范演练，演练组织单位要编写演练脚本，描述演练场景、处置行动、执行人员、指令与对白、视频背景与字幕、解说词等。

5. 演练方案评审

对综合性较强、风险较大的应急演练，评估组要事先对文案组制订的演练计划进行评审，确保演练方案科学可行，以保障应急演练工作的顺利进行。

四、应急演练实施

（一）演练动员与培训

在演练开始前要进行演练动员与培训，确保所有参演人员掌握演练规则、熟悉演练情景、明确各自在演练中的任务。

所有参演人员都要经过应急基本知识、演练基本概念、演练现场规则等方面的培训。对控制人员要进行岗位职责、演练过程控制和管理等方面的培训；对评估人员要进行岗位职责、演练评估方法、工具使用等方面的培训；对参演人员要进行应急预案、应急技能及个体防护用品使用等方面的培训。

（二）演练启动

演练正式启动前一般要举行简短仪式，由演练总指挥宣布演练开始并启动演练活动。

（三）演练执行

1. 演练指挥与行动

（1）演练总指挥负责演练实施全过程的指挥控制。当演练总指挥不兼任总策划时，一般由总指挥授权总策划对演练过程进行控制。

（2）按照演练方案要求，应急指挥机构指挥各参演单位或人员，开展对模拟演练事件的应急处置行动，完成各项演练活动。

（3）演练控制人员应充分掌握演练方案，按总策划的要求，熟练发布控制信息，协调参演人员完成各项演练任务。

（4）参演人员根据控制消息和指令，按照演练方案规定的程序开展应急处置行动，完成各项演练活动。

（5）模拟人员按照演练方案要求，模拟未参加演练的单位或人员的行动，并做出信息反馈。

2. 演练过程控制

总策划负责按演练方案控制演练过程。

（1）桌面演练过程控制。在讨论式桌面演练中，演练活动主要是围绕所提出的问题进行讨论。由总策划以口头或书面形式，部署引入一个或若干个问题。参演人员根据应急预案及有关规定，讨论应采取的行动。

在角色扮演或推演式桌面演练中，由总策划按照演练方案发出控制消息，参演人员接收到事件信息后，通过角色扮演或模拟推演，完成应急处置活动。

（2）实战演练过程控制。在实战演练中，要通过传递控制消息来控制演练进程。总策划按照演练方案发出控制消息，控制人员向参演人员和模拟人员传递控制消息。参演人员和模拟人员接收到信息后，按照发生真实事件时的应急处置程序，或根据应急行动方案，采取相应的应急处置行动。

控制消息可由人工传递，也可以用对讲机、电话、手机、传真机等方式传递，或者通过特定的声音、标志、视频等呈现。演练过程中，控制人员应随时掌握演练进展情况，并向总策划报告演练中出现的各种问题。

3. 演练解说

在演练实施过程中，演练组织单位可以安排专人对演练过程进行解说，解说内容一般包括演练背景描述、进程讲解、案例介绍、环境渲染等。对于有演练脚本的大型综合性示范演练，可按照脚本中的解说词进行讲解。

4. 演练记录

演练实施过程中，一般要安排专门人员，采用文字、照片和音像等手段记录演练过程。文字记录一般可由评估人员完成，主要包括演练实际开始与结束时间、演练过程控制情况、各项演练活动中参演人员的表现、意外情况及其处置等内容，尤其要详细记录可能出现的人员"伤亡"（如进入"危险"场所而无安全防护，在规定的时间内不能完成疏散等）及财产"损失"等情况。

照片和音像记录可安排专业人员和宣传人员在不同现场、不同角度进行拍摄，尽可能全方位反映演练实施过程。

5. 演练宣传报道

演练宣传组按照演练宣传方案做好宣传报道工作。认真做好信息采集、媒体组织、广播电视节目现场采编和播报等工作，扩大演练的宣传教育效果。对涉密应急演练要做好相关保密工作。

（四）演练结束与终止

演练完毕，由总策划发出结束信号，演练总指挥宣布演练结束。演练结束后所有人员停止演练活动，按预定方案集合，进行现场总结讲评或者组织疏散。保障部负责组织人员对演练场地进行清理和恢复。

演练实施过程中出现特殊情况，经演练领导小组决定，由演练总指挥按照事先规定的程序和指令终止演练。演练终止主要包括以下两种情况。

（1）出现真实突发事件，需要参演人员参与应急处置时，要终止演练，使参演人员迅速回归其工作岗位，履行应急处置职责。

（2）出现意外情况，短时间内不能妥善处理或解决时，可提前终止演练。

五、评估、总结与改进

（一）演练评估

演练评估是在全面分析演练记录及相关资料的基础上，对比参演人员表现与演练目标要求，对演练活动及其组织过程做出客观评价，并编写演练评估报告的过程。所有应急演练活动都应进行演练评估，演练评估不仅仅局限于演练结束后的评估与总结，相关工作应贯穿应急演练的准备、实施、评估与总结全过程。

演练结束后可通过组织评估会议、填写演练评估表和对参演人员进行访谈等方式，也可要求参演单位提供自我评估总结材料，进一步收集演练组织实施的情况。

演练评估报告的主要内容一般包括演练执行情况、预案的合理性与可操作性、应急指挥人员的指挥协调能力、参演人员的处置能力、演练所用设备装备的适用性、演练目标的实现情况、演练的成本效益分析、对完善预案的建议等。应急演练评估报告范例见表6-3。

表 6-3　应急演练评估报告范例

预案名称	填写说明：×××公司生产安全事故应急救援预案	演练事故类别	填写说明：如火灾、危险化学品泄漏、化学品爆炸等（根据具体突发事件类型填写）
项目名称	填写说明：如火灾专项预案、液氨泄漏专项预案等	演练方式	□ 桌面演练 □ 实战演练 □ 综合演练 □ 单项演练
演练时间	年　月　日 上午/下午（具体时间）	演练地点	填写说明：如车间、仓库、厂区等（根据实际地点填写）
总策划		总指挥	
参加部门	填写说明：企业具体参加部门		
参加人员	填写说明：×××、×××（具体姓名）等××（具体数字）人		
对演练活动的组织和实施情况的评价	填写说明：如本次演练活动在领导的高度重视和精心安排下，演练准备工作和整个演练过程井然有序，实际操作性强，达到了预期效果（根据企业自身实际情况填写）		
对演练目标、实现情况的评价	填写说明：如通过演练，提高了企业应急处置的能力（需根据企业自身实际情况填写）		
对参演人员表现的评价	填写说明：如参加本次演练的员工总体表现不错，大家都积极参与各个项目的实战演练（根据参演人员实际表现填写）		
演练中暴露的问题	填写说明：从策划、实际演练、操作熟练度、时间把握度等方面，根据实际情况进行取舍和填写		
具体整改措施	填写说明：如加大业务知识的培训，增加演练次数，提高抢险人员的实战能力和意识等		

（二）演练总结

演练总结可分为现场总结和事后总结。

1. 现场总结

在演练的一个或所有阶段结束后，由演练总指挥、总策划、专家评估组组长等在演练现场有针对性地进行讲评和总结。其内容主要包括本阶段的演练目标、参演单位或人员的表现、演练中暴露的问题、解决问题的办法等。

2. 事后总结

在演练结束后,由文案组根据演练记录、演练评估报告、应急预案、现场总结等材料,对演练进行系统的、全面的总结,并形成演练总结报告。演练参与单位也可对本单位的演练情况进行总结,演练总结报告的内容包括演练目的、时间和地点、参演单位和人员、演练方案概要、发现的问题与原因、经验和教训以及改进有关工作的建议等。

演练组织单位在演练结束后应将演练计划、演练方案、演练评估报告、演练总结报告等资料归档保存。

对于上级有关部门布置或参与组织的演练,或者法律、法规、规章要求备案的演练,演练组织单位应当将相关资料报有关部门备案。

(三)改进与跟踪

对演练中暴露出来的问题,企业应当及时采取措施予以改进,包括修订完善应急预案、有针对性地加强应急人员的教育和培训、对应急物资装备有计划地更新等,并建立改进任务表,按规定时间对改进情况进行监督检查。

第四节 现场救护通用技术

现场救护是指在事发现场,对伤员实施及时、有效的初步救护,是立足于现场的抢救。事故发生后的几分钟至十几分钟,是抢救危重伤员最重要的时刻,医学上称为"救命的黄金时刻"。在此时间内,抢救及时、正确,生命有可能被挽救;反之,会导致伤情加重乃至丧失生命。现场及时、正确地救护,为医院救治创造条件,能最大限度地挽救伤员的生命和减轻伤残。

一、现场救护的基本步骤

现场救护目的是挽救生命、减轻伤残。在生命得以挽救这一最重要、最基本的前提下，还要注意减少伤残的发生，尽量减轻病痛，对神志清醒者要注意做好心理护理，为日后伤员身心全面康复打下良好基础。总之，现场救护的原则是：先救命，后治伤。

现场救护应按照紧急呼救、判断伤情和现场急救三大步骤进行。

（一）紧急呼救

当紧急灾害事故发生时，应尽快拨打 120 呼叫急救车，或拨打当地担负急救任务的医疗部门的电话，紧急呼救时必须要用最精练、准确、清楚的语言说明伤员目前的情况及灾害严重程度、伤员的人数及存在的危险、需要何类急救等。

（二）判断伤情

在现场巡视后对伤员进行初步评估。在情况复杂的现场发现伤员时，救护人员首先需要确认是否存在威胁生命的情况并立即进行处理，检查伤员的意识、气道、呼吸、循环体征等，具体方法如下。

1. 意识

先判断伤员神志是否清醒，在呼唤、轻拍、推动时，伤员会睁眼或有肢体运动等其他反应，表明伤员有意识。若伤员对上述刺激无反应，则表明意识丧失，已陷入危重状态。

2. 气道

呼吸的必要条件是保持气道畅通，若伤员有反应但不能说话、不能咳嗽、憋气，则可能存在气道梗阻，必须立即检查和清除。如进行侧卧位和清除口腔异物等。

3. 呼吸

正常人每分钟呼吸 12~18 次，危重伤员则会呼吸变快、变浅乃至不规则，呈叹息状。在气道畅通后，对无反应的伤员进行呼吸检查，若伤员呼吸停止，应保持气道畅通，立即进行人工呼吸。

4. 循环体征

可以通过检查循环体征，如呼吸、咳嗽、运动、皮肤颜色、脉搏情况来判断伤员受伤的危重程度。成人正常心跳每分钟 60~80

次。心律失常,以及严重的创伤、大出血等危及生命时,心跳或加快,超过每分钟100次;或减慢,每分钟40~50次;或不规则,忽快忽慢,忽强忽弱。这些均为心脏呼救的信号,都应引起重视。若伤员面色苍白或青紫,口唇、指甲发绀,皮肤发冷等,代表其循环和氧代谢情况不佳,应立即采取措施。

5. 瞳孔反应

眼睛的瞳孔又称瞳仁,位于黑眼球中央。正常时双眼的瞳孔为等大圆形,遇到强光能迅速缩小,很快又回到原状。用手电筒突然照射一下瞳孔即可观察到瞳孔的反应。当伤员脑部受伤、脑出血、严重药物中毒时,瞳孔可能缩小为针尖大小,也可能扩大到黑眼球边缘,对光线不起反应或反应迟钝。发生脑水肿或脑疝时,还会出现双眼瞳孔一大一小的现象。瞳孔的变化表示脑病变的严重性,应引起足够的重视。

6. 开放性损伤

对伤员的头部、颈部、胸部、腹部、盆腔和脊柱、四肢进行检查,看有无开放性损伤、骨折畸形、触痛、肿胀等体征,有助于对伤员的病情进行判断。

(三) 现场急救

1. 采取正确的急救体位

对于意识不清者,取仰卧位或侧卧位,便于复苏操作及评估复苏效果,在可能的情况下,翻转为仰卧位(心肺复苏体位)时,应翻转到坚硬的平面上,救护人员需要在检查后,进行心肺复苏。

若伤员没有意识但有呼吸和脉搏,为了防止呼吸道被舌后坠或唾液及呕吐物阻塞引起窒息,对伤员应采用侧卧位(复原卧式位),这样唾液等容易从口中引流。体位应保持稳定,且易于将伤员翻转为其他体位,并利于观察和畅通气道;保持同一体位超过30 min,应翻转伤员到另一侧。

注意不要随意移动伤员,以免造成二次伤害,如不要用力拖动、拉起伤员,不要搬动和摇动已确定有头部或颈部外伤的伤员等。在给有颈部外伤的伤员翻身时,为防止颈椎再次损伤造成截瘫，应一人翻转身体，另一人应保持伤员头颈部与身体沿同一轴线同时翻转，做好头颈部的固定。

2. 打开气道

伤员呼吸心跳停止后，全身肌肉松弛，口腔内的舌肌也会松弛下坠而阻塞呼吸道，此时应上提阻塞呼吸道的舌根，使呼吸道畅通。

用最短的时间将伤员衣领口、领带、围巾等解开，并戴上手套迅速清除伤员口鼻内的污泥、土块、痰、呕吐物等异物，待呼吸道畅通后将气道打开。

3. 人工呼吸

救护人员经检查后，判断伤员呼吸停止，应在现场立即给予口对口（口对鼻、口对口鼻）、口对呼吸面罩等人工呼吸急救措施。

4. 胸外心脏按压

胸外心脏按压是采用人工方法帮助心脏跳动，维持血液循环，最后使病人恢复心跳的一种急救技术，按压时，不宜用力过大、过猛，部位要准确，不可过高或过低。否则，易致胸骨、肋骨骨折，内脏损伤，或者将食物从胃中挤出，逆流入气管，引起呼吸道梗阻；胸外心脏按压常常与口对口人工呼吸同时进行，在施行胸外心脏按压的同时，要配合心律注射急救药物，如肾上腺素、异丙基肾上腺素等；如果病人体弱，则用力要小些，甚至可用单手按压。

5. 紧急止血

救护人员要注意检查伤员有无严重出血的伤口，如有出血，要立即采取止血急救措施，避免因大出血造成休克而死亡。

6. 局部检查

第一时间处理危及伤员生命的全身症状，再注意处理局部伤势。要对头部、颈部、胸部、腹部、背部、骨盆、四肢各部位进行检查，检查出血的部位和程度、骨折部位和程度、渗血、脏器脱出和皮肤感觉丧失等。

二、几种常用的现场救护通用技术

（一）心肺复苏法

当心跳呼吸骤停后，循环呼吸即告终止。在呼吸循环停止后

4~6 min，脑组织即会发生不易逆转的损伤；心跳停止 10 min 后，脑细胞基本死亡。所以必须争分夺秒，采用心肺复苏法（人工呼吸和胸外心脏按压法）进行现场急救。

1. 人工呼吸的操作方法

当呼吸停止、心脏仍然跳动或刚停止跳动时，用人工的方法使空气进出肺部，供给人体组织所需要的氧气，称为人工呼吸法。采用人工的方法来代替肺的呼吸活动，可及时而有效地使气体有节律地进入和排出肺脏，维持通气功能，促使呼吸中枢尽早恢复功能，使处于"假死"的伤员尽快脱离缺氧状态，恢复人体自主呼吸。因此，人工呼吸是复苏伤员的一种重要的急救措施。

人工呼吸的方法主要有两种，一种是口对口人工呼吸法，也称口对口吹气（如图 6-2 所示），即让伤员仰面平躺，救护者跪在伤员一侧，一只手将伤员下颌托起，使伤员头部尽量后仰，以保持呼吸道畅通。另一只手捏紧伤员的鼻孔（避免漏气），并用手掌外缘压住额部。深吸一口气后，对准伤员的口，用力将气吹入。同时仔细观察伤员的胸部是否扩张隆起，以确定吹气是否有效和吹气是否适度。

图 6-2 口对口人工呼吸法

当伤员的前胸壁扩张后，停止吹气，立即放松捏鼻子的手，并迅速移开紧贴的口，让伤员胸廓自行弹回呼出空气。此时注意胸部复原情况，倾听呼气声，如吹气时伤员胸壁扩张，吹气停止后伤员口鼻有气流呼出，表示有效。重复上述动作，每分钟均匀地做 16~20 次，直至伤员恢复自主呼吸为止。

另一种是口对鼻吹气法。如果伤员牙关紧闭不能撬开或口腔严重受伤时，可用一手闭住伤员的口，以口对鼻吹气。

2. 胸外心脏按压的操作方法

若感觉不到伤员的脉搏，说明其心跳已经停止，需立即进行胸外心脏按压。具体做法是：让伤员仰卧在地上，头部后仰；抢救者跪在伤员身旁或跨跪在伤员腰的两旁，用一手掌根部放在伤员胸骨下 1/3~1/2 处，另一手重叠于前一手的手背上；两肘伸直，借自身体重和臂、肩部肌肉的力量，急促向下压迫胸骨，使其下陷3～4 cm；按压后迅速放松（注意掌根不能离开胸壁），依靠胸廓的弹性，使胸骨复位。此时心脏舒张，大静脉的血液回流到心脏。反复有节奏地进行按压和放松，每分钟60～80次。在按压的同时，要随时观察伤员的情况。如能摸到颈动脉和股动脉等搏动，而且瞳孔逐渐缩小，面色转为红润，说明心脏按压已有效，即可停止。

3. 进行心肺复苏时要注意的问题

（1）实施人工呼吸前，要解开伤员领扣、领带、腰带及紧身衣服，必要时可用剪刀剪开，不可强撕强扯。清除伤员口腔内的异物，如黏液、血块等；如果舌头后缩，应将舌头拉出口外，以防堵塞喉咙，妨碍呼吸。

（2）口对口吹气的力度要掌握好，开始可略大些，频率也可稍快些，经过10～20次吹气后逐渐降低力度，只要维持胸部轻度升起即可。

（3）进行胸外心脏按压时，抢救者掌根的定位必须准确，用力要垂直适当，要有节奏地反复进行。防止因用力过猛而造成继发性组织器官的损伤或肋骨骨折。

（4）胸外心脏按压的频率要控制好，有时为了提高效果，可加大频率，达到每分钟100次左右。抢救工作要持续进行，除非断定伤员已复苏，否则在伤员没有送达医院之前，抢救不能停止。

一般来说，心脏跳动和呼吸过程是相互联系的，心脏跳动停止了，呼吸也将停止；呼吸停止了，心脏跳动也持续不了多久。因此，通常在做胸外心脏按压的同时，进行口对口人工呼吸，以保证氧气的供给，如图6-3所示。一般每吹气一次，按压3～4次；如果现场仅有一人进行抢救，两种方法应交替进行，即每吹气

图6-3　同时进行胸外心脏按压和人工呼吸

2~3次,就按压10~15次,也可将频率适当提高一些,以保证抢救效果。

(二) 止血法和包扎法

人体在事故中引起的创伤,如割伤、刺伤、物体打击和碾伤等,常伴有不同程度的软组织和血管的损伤,造成出血征象。一般来说,一个人的全身血量在4 500 mL左右。出血量少时,一般不影响伤员的血压、脉搏变化;出血量中等时,伤员就会出现乏力、头昏、胸闷、心悸等不适感,并有轻度的脉搏加快和血压降低;若出血量超过1 000 mL,血压就会明显降低,并出现肌肉抽搐,甚至神志不清,呈休克状态,若不迅速采取止血措施,就会有生命危险。

1. 常用止血方法及适用部位

常用的止血方法主要有压迫止血法、止血带止血法、加压包扎止血法和加垫屈肢止血法等。

(1) 压迫止血法。这是一种最常用、最有效的止血方法,适用于头部、颈部、四肢动脉大血管出血的临时止血。当一个人受伤流血以后,只要立刻用手指或手掌用力按压伤口附近靠近心脏一端的动脉跳动处,并把血管压紧在骨头上,就能很快起到临时止血的效果。

若头部前面出血时,可在耳前对着下颌关节点压迫颞动脉,如图6-4a所示;头部后面出血时,应压迫枕动脉止血,压迫点在耳后乳突附近的搏动处。颈部动脉出血时,要压迫颈总动脉,此时可用手指揿在一侧颈根部,向中间的颈椎横突压迫,但绝对禁止同时压迫两侧的颈动脉,以免引起大脑缺氧而昏迷。腋窝、肩部及上肢出血,可采用锁骨下动脉压迫止血法,方法是拇指放在锁骨上凹的动脉跳动处,其余四指放在病人颈后,以拇指向下、向内压向第一肋骨,如图6-4b所示。前臂动脉出血时,压迫肱动脉,用四个手指掐住上臂肌肉并压向臂骨。大腿动脉出血时,压迫股动脉,压迫点在腹股沟皱纹中点搏动处,用手掌向下方的股骨面压迫。

(2) 止血带止血法。适用于四肢大出血。用止血带(一般为橡皮管或橡皮带)绕肢体绑扎打结固定。上肢受伤可扎在上臂上部

 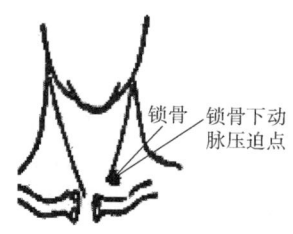

a）颞动脉压迫点　　　　b）锁骨下动脉压迫点

图 6-4　压迫止血法

1/3 处；下肢扎于大腿的中部。若现场没有止血带，也可以用纱布、毛巾等布带环绕肢体打结，在结内穿一根短棍，转动此棍使布带绞紧，直到不流血为止。在绑扎和绞止血带时，不要过紧或过松。过紧易造成皮肤或神经损伤；过松则起不到止血的作用。

（3）加压包扎止血法。适用于小血管和毛细血管的止血。先用消毒纱布或干净毛巾敷在伤口上，再垫上棉花，然后用绷带紧紧包扎，以达到止血的目的。若伤肢有骨折，还要另加夹板固定。

（4）加垫屈肢止血法。多用于前臂和小腿的止血，利用肘关节或膝关节的弯曲功能，压迫血管达到止血目的。在肘窝或腘窝内放入棉垫或布垫，然后使关节弯曲到最大限度，再用绷带把前臂与上臂（或小腿与大腿）固定。

如果创伤部位有异物但不在重要器官附近，可以拔出异物，处理好伤口。如无把握就不要随便将异物拔掉，应立即送医院，经医生检查，确定未伤及内脏及较大血管时，再拔出异物，以免发生大出血。

2. 常用包扎法及适用部位

有外伤的伤员经过止血后，就要立即用纱布、绷带或毛巾等包扎起来。及时、正确的包扎，既可以起到止血的作用，又可保持伤口清洁，防止污物进入，避免细菌感染。当伤员有骨折或脱臼时，包扎还可以起到固定敷料和夹板的作用，以减轻伤员的痛苦，并为安全转送医院救治打下良好的基础。

(1) 绷带包扎。绷带包扎法主要有:

①环形包扎法,适用于颈部、腕部和额部等处,绷带每圈需完全或大部分重叠,末端用胶布固定,或将绷带尾部撕开打活结固定。

②螺旋包扎法,多用于前臂和手指包扎,先用环形包扎法固定起始端,把绷带渐渐斜旋上缠或下缠,每圈压前圈的一半或1/3,呈螺旋形,尾端在原位缠两圈予以固定,如图6-5所示。

③"8"字形包扎法,多用于肘、膝、腕和踝等关节处,包扎是以关节为中心,从中心向两边缠,一圈向上,一圈向下包扎。

④回转包扎法,用于头部的包扎(如图6-6所示),自右耳上开始,经额、左耳上,枕外粗隆下,然后回到右耳上始点,缠绕两圈后到额中时,将带反折,用左手拇指、食指按住,绷带经过头顶中央到枕外粗隆下面,由伤员或助手按住此点,绷带在中间绷带的两侧回返,直到包盖住全头部,然后缠绕两圈加以固定。

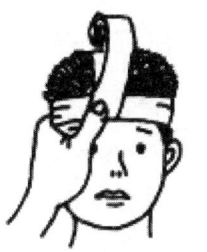

图6-5 螺旋包扎法　　　　图6-6 回转包扎法

(2) 三角巾包扎。三角巾包扎法主要有:

①头部包扎法,将三角巾底边折叠成两指宽,中央放于前额并与眼眉平齐,顶尖拉向脑后,两底角拉紧,经两耳的上方绕到头的后枕部打结。如三角巾有富余,在此交叉再绕回前额打结,如图6-7所示。

②面部包扎法,先在三角巾顶角打一结,套在下颌处,罩于头面部,形似面具。底边拉向后脑枕部,左右角拉紧,交叉压住底边,再绕至前额打结。包扎后,可根据情况,在眼、口处剪开小洞。

图 6-7 三角巾头部包扎法

③上肢包扎法,上臂受伤时,可把三角巾一底角打结后套在受伤手臂的手指上,把另一底角拉到对侧肩上,用顶角缠绕伤臂并用顶角上的小布带打结,然后把受伤的前臂弯曲到胸前近 90°,最后把两底角打结。

④下肢包扎法,膝关节受伤时,应根据伤肢的受伤情况,把三角巾折成适当宽度,使之成为带状;然后把它的中段斜放在膝的伤处,两端拉向膝后交叉,再缠绕到膝前外侧打结固定,如图 6-8 所示。

图 6-8 膝部三角巾包扎法

3. 止血和包扎时要注意的问题

(1)采用压迫止血法时,应根据不同的受伤部位,正确选择指压点;采用止血带止血时,注意止血带不能直接和皮肤接触,必须先用纱布、棉花或衣服垫好。每隔 1 h 松解止血带 2~3 min,然后在另一稍高的部位扎紧,以暂时恢复血液循环。

(2)扎止血带的部位不要离出血点太远,以免使更多的肌肉组织缺血、缺氧。严重挤压的肢体或伤口远端肢体严重缺血时,禁止使用止血带。

(3)包扎时要做到快、准、轻、牢。"快"就是包扎动作要迅速、敏捷、熟练;"准"就是包扎部位要准确;"轻"就是包扎动作要轻柔,不能触碰伤口,打结也要避开伤口;"牢"就是要牢靠,不能过紧或过松，过紧会妨碍血液流动，影响血液循环，过松容易造成绷带脱落或移动。

（4）头部外伤和四肢外伤一般采用三角巾包扎或绷带包扎。如果现场没有三角巾或绷带，可利用衣服、毛巾等物代替。

（5）在急救过程中，如果伤员出现大出血或休克等情况，则必须同时进行止血和人工呼吸，不要因为忙于包扎而耽误了抢救时间。

（三）断肢（指）与骨折处理

1. 断肢（指）处理

发生断肢（指）后，除做必要的急救外，还应注意保存断肢（指），以求进行再植。保存的方法是：将断肢（指）用清洁纱布包好，放在塑料袋里。不要用水冲洗断肢（指），也不要用各种溶液浸泡，否则会使组织细胞变质，造成不能再植的严重后果。若有条件，可将包好的断肢（指）置于冰块中，冰块不能直接接触断肢（指）。然后将断肢（指）随伤员一同送往医院，让医生进行再植手术。

2. 骨折的固定方法

骨骼受到外力作用时，发生的完全或不完全断裂叫作骨折。按照骨折端是否与外界相通，可将骨折分为两大类：闭合性骨折与开放性骨折。前者骨折端不与外界相通，后者骨折端与外界相通，从受伤的程度来说，开放性骨折一般伤情比较严重。遇有骨折伤害，应做好紧急处理后，再送医院抢救。

为了伤员在运送途中的安全，防止断骨刺伤周围的神经和血管组织，加重伤员痛苦，对骨折处理的基本原则是尽量不让骨折肢体活动，不要进行现场复位。因此，要利用一切可利用的条件，及时、正确地做好骨折的临时固定。

（1）上肢肱骨骨折的固定。可用夹板（或木板、竹片、硬纸夹等），放在上臂内外两侧，用绷带或布带缠绕固定，然后把前臂屈曲固定于胸前。也可用一块夹板放在骨折部位的外侧，中间垫上棉花或毛巾，再用绷带或三角巾固定。

（2）前臂骨折的固定。用长度与前臂相当的夹板，夹住受伤的前臂，再用绷带或布带自肘关节至手掌进行缠绕固定，然后用三角巾将前臂吊在胸前，如图6-9所示。

（3）股骨骨折的固定。用两块一定长度的夹板，其中一块的长度与腋窝至足跟的长度相当，另一块的长度与伤员的腹股沟到足跟的长度相当。长的一块放在伤肢外侧腋窝下并和下肢平行，短的一块放在

图6-9 前臂骨折固定法

两腿之间，用棉花或毛巾垫好肢体，再用三角巾或绷带分段扎牢固定，如图6-10所示。

图6-10 股骨骨折的固定法

（4）小腿骨折的固定。取长度与伤员大腿中部到足跟长度相当的两块夹板，分别放在受伤的小腿内外两侧，用棉花或毛巾垫好，再用三角巾或绷带分段固定。也可用绷带或三角巾将受伤的小腿和另一条没有受伤的腿固定在一起，如图6-11所示。

图6-11 小腿骨折固定方法

（5）脊椎骨折的固定。这是一种大型固定。由于脊椎骨折普遍伤情较重，在转送医院前必须妥善固定。取一块与肩同宽的长木板垫在背后，左右腋下各置一块稍小于身体厚度的木板，然后分别在

小腿膝部、臀部、腹部、胸部，用宽带予以固定。颈椎骨折者应在头部两侧置沙袋固定头部，使其不能左右摆动。

3. 骨折临时固定时要注意的问题

（1）骨折部位如有开放性伤口和出血，应先止血，并包扎伤口，再进行骨折的临时固定；如有休克，应先进行人工呼吸。

（2）对于有明显外伤畸形的伤肢，只需在临时固定时进行大体纠正即可，不需要按原形完全复位；不应把露出的断骨送回伤口，否则会给伤员增加不必要的痛苦，或因处理不当使伤情加重。要注意防止伤口感染和断骨刺伤血管、神经，以免给之后的救治造成困难。

（3）对于四肢和脊柱的骨折，要尽可能就地固定。在固定前，不要随意移动伤肢或翻动伤员。为了尽快找到伤口，又不增加伤员的痛苦，可剪开伤员的衣服和裤子。固定时不可过紧或过松。四肢骨折应先固定骨折上端，再固定下端，并露出指（趾）尖，以便观察血液循环情况。如发现指（趾）尖苍白发冷并呈青紫色，说明包扎过紧，要放松后重新固定。

（4）临时固定用的夹板和其他可用做固定的材料，其长度和宽度要与受伤的肢体相称。夹板应能托住整个伤肢。除了把骨折的上下两端固定好外，如遇关节处，要同时把关节固定好。

（5）夹板或其他固定材料不能同皮肤直接接触，要用棉花或毛巾、布单等柔软物品垫好，尤其在夹板的两端，骨头突出的地方和有空隙的部位，都必须垫好。

（四）安全转移（伤员的搬运）

经过现场救护后，就要把伤员迅速地送往医院。搬运伤员也是救护的一个非常重要的环节。如果搬运不当，可使伤情加重，严重时还可能造成神经、血管损伤，甚至瘫痪，难以治疗。因此，对伤员的搬运应十分小心。

1. 单人搬运法

如果伤员伤势不重，可采用扶、捐、背、抱的方法将伤员运走。主要有三种方式：一是单人扶着行走，即左手拉着伤员的手，右手扶住伤员的腰部，慢慢行走，此法适于伤员伤势不重，神志清醒时使用；二是肩膝手抱法，若伤员不能行走，但上肢还有力量，可让伤员钩在搬运者颈上，此法禁用于脊柱骨折的伤员；三是背驮法，先将伤员支起，然后背着走。

2. 双人搬运法

主要有三种方式：一是平抱着走，即两个搬运者站在同侧，并排同时抱起伤员；二是膝肩抱着走，即一人在前面提起伤员的双腿，另一人从伤员的腋下将其抱起；三是用靠椅抬着走，即让伤员坐在椅子上，一人在后面抬着靠椅靠背，另一人在前抬靠椅腿。

3. 严重伤情的搬运法

（1）颅脑伤昏迷搬运。首先要清除伤员身上的泥土、堆盖物，解开衣襟。搬运时要重点保护头部，伤员在担架上应采取半俯卧位，头部侧向一边，以免呕吐时呕吐物阻塞气道而窒息，若有暴露的脑组织应做好保护。搬运应两人以上，搬运前头部给以软枕，膝部、肘部要用衣物垫好，头颈部两侧要垫衣物使颈部固定。

（2）脊柱骨折搬运。脊柱俗称背脊骨，包括胸椎、腰椎等。脊柱骨折伤员如果现场处理不当，容易增加伤员痛苦，甚至造成不可挽救的后果。对于脊柱骨折的伤员，一定要用木板做的硬担架抬运。应由 2～4 人同时搬运，使伤员成一线起落，步调一致，切忌一人抬胸，一人抬腿，如图 6-12 所示。伤员放到担架上以后，要让其平卧，腰部垫软垫，然后用 3～4 根布带把伤员固定在木板上，以免在搬运中滚动或跌落，造成脊柱移位或扭转，刺激血管和神经，使下肢瘫痪。

图 6-12　脊柱伤员的错误搬运法

无担架、木板时，则需众人用手搬运，搬运者必须有一人双手托住伤者腰部（如图 6-13 所示），切不可单独一人用拉、拽的方法搬运伤者。否则，易把伤者的脊柱神经拉断，造成下肢永久性瘫痪的严重后果。

图 6-13　脊柱骨折的正确搬运法

（3）颈椎骨折搬运。搬运颈椎骨折伤员时，应由一人稳定头部，其他人以协调力量将其平直抬到担架上，头部左右两侧用衣物、软枕加以固定，防止左右摆动。

4. 搬运伤员时要注意的问题

（1）在搬运转送之前，要先做好对伤员的检查和完成初步的急救处理，以保证转运途中的安全。

（2）要根据受伤的部位和伤势的轻重，选择适当的搬运方法。

（3）搬运行进中，动作要轻，脚步要稳，步调要一致，避免摇晃和振动。

（4）用担架抬运伤员时，要使伤员脚朝前，头朝后，确保后面的抬运人员能随时观察伤员的面部表情。

本 章 小 结

1. 应急管理体系是指一个机构、一个地区，乃至一个国家的应急管理相关要素构成的一个整体，具体包括应急管理的主体、过程、规范以及应急保障四个方面。这些要素解决了应急管理由谁做（主体）、做什么（过程）、依据什么做（规范）、使用什么资源做

(应急保障)的问题。

2. 应急预案又称应急计划,是针对可能的重大事故(件)或灾害,为保证迅速、有序、有效地开展应急与救援行动,降低事故损失而预先制订的有关计划或方法。应急预案可分为综合应急预案、专项应急预案和现场处置方案三个层次。应急预案的编制过程可分为五个步骤:成立预案编制小组,危险分析和应急能力评估,应急预案编制,应急预案评审和发布、应急预案实施。应急演练是在事先虚拟的事件(事故)条件下,应急指挥体系中各个组成部门、单位或群体的人员针对假设的特定情况,执行实际突发事件发生时各自职责和任务的排练活动,包括策划、实施、评估、总结与改进等步骤。

3. 现场救护是指在事发现场,对伤员实施及时、有效的初步救护,是立足于现场的抢救。事故发生后的几分钟至十几分钟,是抢救危重伤员最重要的时刻,医学上称为"救命的黄金时刻"。事故现场急救应按照紧急呼救、判断伤情和现场急救三大步骤进行。现场常用的急救技术包括心肺复苏、止血包扎、断肢(指)与骨折处理、安全转移。

复习思考题

1. 为什么要进行应急演练?
2. 按组织形式划分,应急演练可分为哪些?
3. 应急演练包括哪几个部分?
4. 心肺复苏法的操作要点有哪些?
5. 常用的止血方法有哪些?

参 考 文 献

胡广霞，窦培谦. 新工人三级安全教育读本［M］. 2版. 北京：中国劳动社会保障出版社，2015.

中国安全生产科学研究院. 安全生产法律法规［M］. 北京：应急管理出版社，2020.

李希腾，王保庆. 我国应急管理法律体系建设问题研究［J］. 黑龙江省政法管理干部学院学报，2021（1）：1-5.

周孜予，杨鑫. "1+4"全过程：我国应急管理法律体系的构建［J］. 行政论坛，2021，28（3）：102-106.

闪淳昌，周玲，秦绪坤，等. 我国应急管理体系的现状、问题及解决路径［J］. 公共管理评论，2020（2）：6-9.

钟开斌. "一案三制"：中国应急管理体系建设的基本框架［J］. 南京社会科学，2009（11）：77-83.

中国法制出版社. 中华人民共和国安全生产法：实用版［M］. 北京：中国法制出版社，2021.

法律出版社法规中心. 中华人民共和国职业病防治法注释本［M］. 北京：法律出版社，2021.

中国安全生产科学研究院. 安全生产技术基础［M］. 北京：应急管理出版社，2020.

范韶华. 新《工伤保险条例》解读与应用［M］. 北京：北京燕山出版社，2011.

李欣等. 高处作业安全［M］. 北京：中国石化出版社，2017.

中国石油化工集团公司安全监管局. 受限空间作业安全［M］. 北京：中国石化出版社，2017.

中国石油化工集团公司安全监管局. 动火作业安全［M］. 北京：中国石化出版社，2020.

张安顺. 新编基层工会劳动保护与监督检查工作实务［M］. 3版. 北京：中国言实出版社，2019.

王毅，刘健. 危险化学品从业人员安全培训教材［M］. 北京：中国石化出版社，2010.

全国特种作业人员安全技术培训考核统编教材编委会. 危险化学品安全作业培训教材［M］. 北京：气象出版社，2018.

崔政斌，杜冬梅. 班组精细化安全管理［M］. 北京：化学工业出版社，2019.

崔政斌，赵海波. 班组现场安全管理100例［M］. 北京：化学工业出版社，2021.

郑时勇. 企业安全管理与应急全案［M］. 北京：化学工业出版社，2022.

周秀丽. 企业安全精细化管理文化探索与实践［J］. 现代职业安全，2021（1）：36-38.

罗云. 企业员工安全生产应急知识读本［M］. 北京：应急管理出版社，2020.

周详. 响水"3·21"事故应急救援处置启示［J］. 劳动保护，2020（4）：33-36.

陈炜华. 科学引导规范培育社会应急救援力量［J］. 中国应急管理，2021（1）：62-63.

林马骁，李连东，陈庆. 科技赋能应急救援指挥训练［J］. 中国应急管理，2021（2）：48-51.

 禁止带火种	 禁止吸烟	 禁止烟火	 禁止靠近
 禁止停留	 禁止攀登	 禁止吊篮乘人	 禁止跨越
 禁止堆放	 禁止穿化纤服装	 禁止放易燃物	 禁止转动
 禁止通行	 禁止戴手套	 禁止入内	 禁止合闸
 禁止跳下	 禁止用水灭火	 禁止穿带钉鞋	

 当心火车	 当心激光	 当心爆炸	 当心电缆
 当心腐蚀	 当心裂变物质	 当心冒顶	 当心塌方
 当心坠落	 当心机械伤人	 当心弧光	 当心微波
 当心中毒	 当心感染	 注意安全	 当心火灾
 当心烫伤	 当心车辆	 当心电离辐射	 当心伤手

 必须戴防毒面具	 必须戴安全帽	 必须系安全带	 必须加锁
 必须戴防尘口罩	 必须戴护耳器	 必须戴防护帽	 必须穿防护鞋
 必须穿救生衣	 必须穿防护服	 必须戴防护眼镜	 必须戴防护手套
 紧急出口	 可动火区	 避险处	 应急避难场所
 紧急医疗站	 急救点	 应急电话	 击碎板面